职业素养

主　　　编	朱焕桃
编委会主任	姜正国
编委会副主任	朱焕桃　欧阳河　付胜龙　聂劲松
编委会成员	彭铁光　申剑飞　龙喜平　朱　燕
	罗　勇　刘承良　张建朴　石　颖
	蒋伟民　侯企强　程　颖　李铁光
	姚博瀚

北京理工大学出版社
BEIJING INSTITUTE OF TECHNOLOGY PRESS

图书在版编目（CIP）数据

职业素养 / 朱焕桃主编 . -- 北京：北京理工大学
出版社，2024.6.
ISBN 978-7-5763-4163-8

Ⅰ. B822.9

中国国家版本馆 CIP 数据核字第 2024D3W169 号

责任编辑: 张荣君　　**文案编辑:** 代义国
责任校对: 周瑞红　　**责任印制:** 施胜娟

出版发行 / 北京理工大学出版社有限责任公司
社　　址 / 北京市丰台区四合庄路 6 号
邮　　编 / 100070
电　　话 /（010）68914026（教材售后服务热线）
　　　　　　（010）63726648（课件资源服务热线）
网　　址 / http://www.bitpress.com.cn

版 印 次 / 2024 年 6 月第 1 版第 1 次印刷
印　　刷 / 定州市新华印刷有限公司
开　　本 / 787 mm × 1092 mm　1/16
印　　张 / 11
字　　数 / 275 千字
定　　价 / 46.00 元

PREFACE 前言

　　学生是民族的希望、国家的未来，是建设中国特色社会主义事业的强大后备力量。要承担起这样的重任，学生不仅要"有知识"，还要"有道德"，努力使自己成为德才兼备的人才；不仅要提高就业竞争力，还要为未来的职业生涯奠定坚实的基础，努力提升自己的职业素养。

　　职业素养是一个人职业生涯成败的关键因素，它决定着一个人的人生高度。职业素养可分为显性职业素养和隐性职业素养两类。其中，职业行为习惯和职业知识技能等显性职业素养，可以通过教育和培训等方式获得。职业道德、职业态度、职业作风、独立性、责任心、敬业精神、团队意识、职业操守等隐性职业素养是职业素养的核心内容。

　　良好的职业素养是企业用人的必备条件，也是职场人可持续发展的基础。不论是初涉职场的新人，还是拥有丰富经验的职场老手，都必须具备基本的职业素养。要成为一名优秀的职业人，最重要的条件就是要树立正确职业信条。正所谓，人无志，不成事。

一、编写依据和背景

　　近年来，党中央、国务院高度重视职业教育发展，职业教育新政密集出台。为深入贯彻落实党中央关于职业教育工作的决策部署和习近平总书记有关重要指示，持续推进现代职业教育体系建设改革，优化职业教育类型定位，中共中央办公厅、国务院办公厅印发《关于深化现代职业教育体系建设改革的意见》。为贯彻落实党的二十大精神，统筹解决人才培养和产业发展"两张皮"的问题，推动产业需求更好融入人才培养全过程，持续优化人力资源供给结构，国家发展改革委会同有关部门研究制定了《职业教育产教融合赋能提升行动实施方案（2023—2025年）》，职业教育与成人教育司印发《关于委托开展首批重点领域职业教育专业课程改革试点工作的函》。新出台的一系列政策充分体现了全方位、立体式、广覆盖的特点，在构建课程体系、激发办学活力、提高人才培养质量、提升办学水平等多方面进行了诸多创新突破，开创了职业教育发展新纪元。

本书是在国家加快发展现代职业教育，大力倡导敬业守信、精益求精的工匠精神的背景下，针对行业、企业对高素质现代职业人才的迫切需求，结合职业教育特色和职业院校学生成长规律而编写的具有较强操作性、指导性用书。

二、突出四大特点

1. 富有时代性

本书结合我国当下学生职业素养培养的职业发展及客观需要，按照职业素养成长过程的五个阶段（学习阶段、实践阶段、反思阶段、提升阶段、拓展阶段）进行编写。本书所写的十大职业信条与国家大力倡导的职业素养相契合，同时引入了当今先进人物案例，具有鲜明的时代性。

2. 富有指导性

本书准确把握相关行业的发展对职业教育人才培养的新要求，密切关注未来职业人才的知识和能力结构，把职业素养作为提升职业教育人才培养质量的重要切入点，对于当前和未来一段时间职业院校的教育教学工作具有指导意义。

3. 注重实践性

职业素养的养成，既源于实践，又高于实践。本书在介绍相关素养的过程中设计了"实训小课堂"模块，目的是让学生掌握相关方法，用于实践。

4. 极具可读性

本书聚焦职业素养的培养，抓住职业院校在教育教学过程中极易忽视却又十分重要的环节，循序渐进地进行有针对性的介绍与指导；同时配有相关图片，既通俗易懂，又生动形象，进一步增强了学生的兴趣，使得教材内容极具可读性。

三、致谢

本书由大汉国际工匠院组织编写，在编写过程中参考、引用了有关文章、杂志和网络平台上的资料，在此谨向相关作者表示衷心的感谢！

因时间仓促及编者水平有限，书中难免存在不足之处，敬请各位读者批评与指正，以便本书修订和完善。

CONTENTS 目录

职业信条三 **遵从——职场迈向成功的基石 /32**

职业信条四 **勤奋——成功的密码，通往胜利的桥梁 /49**

职业信条五 **自信——从平凡走向非凡的驱动力 /68**

职业信条六　沟通——拥有良好的沟通能力才能够取得更好的成果 /83

职业信条七　合作——实现双赢的必由之路，让我们共同前行 /106

职业信条八　主动——每一次的主动，都是向成功迈进的一步 /122

职业信条九 创新——没有创新就没有进步 /134

职业信条十 数字——提升数字素养，顺应数字时代发展 /150

职业信条一：忠诚

——不仅仅是一种品德，更是一种坚持和责任

> 春蚕到死丝方尽，蜡炬成灰泪始干。
>
> ——李商隐
>
> 忠诚是通向荣誉之路。
>
> ——王俊雄

学习阶段　忠诚：是一种重要的美德

一、忠诚的特征

忠诚是一种重要的美德，也是一种宝贵的品质。

忠诚是指对某种信仰、理念、人或组织的坚定信任和支持。忠诚素养则是指一个人在行动中展现出的无条件忠诚和坚定信仰。忠诚素养能够塑造人的品格，影响人的行为，增强人的责任感和幸福感，使我们成为更有价值的人。

忠诚具有以下三个特征：

（1）一致性。忠诚体现为言行一致、表里如一、守信践诺。

（2）全面性。忠诚意味着在各种情境中对所承诺对象的全方位支持，包括思想、情感、行动等方面。

（3）持久性。忠诚体现为时间的持续性，即无论面对何种情况，都能保持对所承诺对象的长期忠诚。

忠诚富有力量，它如一根坚实的纽带，将人与人紧密地联系在一起。

二、忠诚的体现

忠诚是一种价值观念的体现，是诚实、责任心和信仰的表达。忠诚者在思想、行动上会自觉地维护和坚持这一价值观，特别是在面对重大考验和艰难险阻时，能够做出牺牲，将个人价值融入集体价值。忠诚是一种复杂的概念，包含多个维度。

1. 忠诚是中华传统美德中的重要一环

忠诚在我国有着深远的思想渊源，是中华传统美德的重要一环。忠诚的思想在中国源远流长，影响了一代又一代仁人志士。中国历史上出现了许多忠诚的英豪人物，他们有着可歌可泣的感人事迹，到现在仍彪炳青史，灿烂千秋。

中国人历来注重忠诚，无论是对国家、对家庭还是对朋友，忠诚都被认为是人格的基石。

（1）忠诚对于国家的意义。对于国家，忠诚被视为传统美德之一。

①忠诚体现在对国家的尊重和爱护上。义务教育阶段，学生就接受了传统文化和国家历史的教育，懂得国家的兴衰与自身利益息息相关。

②忠诚体现在对法律法规的遵守和社会公德的遵守上，不做违法乱纪之事，积极参与社会公益事业，为国家的繁荣稳定贡献自己的一份力量。

③忠诚体现在诚实守信、积极参与社会活动、尽到公民的责任和义务等方面。作为国家的公民，我们应该始终怀抱忠诚之心，为国家繁荣进步做出自己的贡献。

案例 1-1

　　洪家光始终秉持航天人"国家利益至上"的价值观，以实干践行初心，在生产一线创新进取、勇攀高峰。航空发动机被誉为现代工业"皇冠上的明珠"，其性能、寿命和安全性取决于叶片的精度，他潜心研究出解决叶片磨削专用的高精度金刚石滚轮工具制造技术，经生产单位应用后，叶片加工质量和合格率得到了提升，助推了航空发动机自主研制技术的进步。凭借该项技术，洪家光荣获 2017 年度国家科学技术进步二等奖。在工作岗位上，洪家光先后完成了 200 多项技术革新，解决了 300 多个生产难题，以精益求精的工匠精神为飞机打造出了强劲的"中国心"。

洪家光的故事

　　洪家光以国家级洪家光技能大师工作室和省级洪家光劳模创新工作室为平台，先后为行业内外 2000 余人（次）进行专业技能培训，亲授的 13 名徒弟均成为生产骨干，其中 1 人获"振兴杯"全国青年职业技能大赛第一名。他先后完成工具技术创新和攻关项目 84 项，个人拥有国家专利 8 项，团队拥有国家专利 30 多项，助推航空发动机制造技术不断提升，积极为实现中国梦、强军梦、动力梦贡献力量。

　　作为新时代产业工人的楷模，洪家光多次获得国家级和省级奖项。2020 年 11 月 24 日，在全国劳动模范和先进工作者表彰大会上，洪家光代表全国劳动模范和先进工作者宣读倡议书。

　　【解析】洪家光的忠诚体现在他坚守初心、潜心钻研、技术革新、培养人才以及荣誉加身不忘初心等多个方面。他的事迹激励着广大青年以更加饱满的热情和更加坚定的信念投身到工作中去，为实现中华民族的伟大复兴贡献自己的力量。

　　（2）忠诚对于家庭的重要性。中国传统家庭观念深入人心，忠诚对于家庭是每个人应该牢记的责任。家庭是一个温暖的港湾，是最亲近的人凝聚在一起的地方。一个忠诚的人应该尽自己所能去关心和照顾家人的生活，为家庭牺牲个人利益，为了家人的幸福和团结努力。

　　①忠诚体现在对父母的孝敬上。在中国，孝敬父母被认为是基本的道德准则之一。孝顺的子女会尽心尽力地照料父母的生活，并为他们创造美好的晚年。

　　②忠诚体现为对配偶的忠实。对配偶忠实的丈夫和妻子是家庭的重要支柱，他们相互尊重、理解和支持。

　　③忠诚体现为对子女的教育。父母在对子女的教育中要传递正确的价值观，培养他们的品德和才能，其中，忠诚是一重要素质。

　　（3）忠诚在友情中的体现。忠诚在友情中同样扮演着重要角色。在中国，有一句名言"君子之交淡如水"，意味着真正的友谊不受外界因素的影响，忠诚和诚实是友谊的核心价值。忠诚是维系友谊的纽带。忠诚的友情需要我们在日常生活中细心呵护，我们要用真心对待朋友，分享彼此的快乐和痛苦。只有这样，我们才能真正建立起长久的、真挚的友谊。

　　（4）忠诚在工作中的体现。忠诚对于事业是中国人推崇的职业道德和职业态度。

　　①忠诚体现在全力以赴完成工作任务、保守商业机密以及坚守职业操守上。忠诚的员工会为企业积极付出，为企业的发展和利益着想，与企业同舟共济，为企业树立品牌形象，塑造企业文化做出贡献。

　　②忠诚不仅表现在言行上，更应该体现在对工作的认真程度和责任感上。作为一名职

业人，只有在工作中展现忠诚的精神，忠诚于企业和事业，才能全力以赴，为企业的发展做出更大的贡献。对于企业来说，忠诚的员工是最宝贵的财富，他们不仅能够为企业提供稳定的生产力，更能够传播企业的文化和价值观，为企业持续发展提供动力。

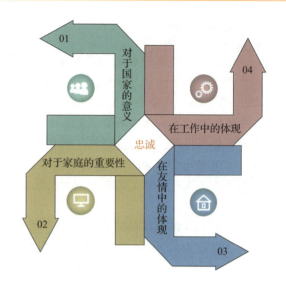

综上所述，忠诚作为中国传统美德之一，在中国文化中扮演着重要的角色，不论是对国家、家庭、友情还是工作，忠诚都是构建和谐社会的重要支柱。忠诚不仅要求我们尊重传统文化和道德准则，也要求我们用行动践行和传播这一美德。只有在忠诚的指引下，我们才能建立起坚实的人际关系和社会关系，共同迈向美好的未来。

知识链接

对企业忠诚的具体表现

对企业忠诚的具体表现有以下几点：

（1）具有管理者心态，积极主动工作。

（2）愿意并主动将企业的管理思想、企业发展历程和企业产品亮点等介绍给朋友和家人。

（3）对自己的工作认真负责、有始有终。

（4）认真做好传、帮、带，积极为企业培养人才。

（5）因为工作需要无法休假或休假中断时，能站在企业的角度理解并积极投入工作。

（6）对于自己知晓的企业标准和机密，不外泄；发现诱骗企业机密的行为，及时制止并上报。

（7）当个人利益、部门利益、朋友利益、家庭利益与企业利益相冲突时，以企业利益为重。

（8）面对他人的贿赂（如他人给的红包、回扣、物品等），能够抵制住诱惑，拒绝接受或上交企业。

（9）发现企业外部人员有损害企业利益、形象的语言、行为时，能主动站出来指正、澄清。

（10）用感恩的心对待企业。

2.职业忠诚的本质体现

职业忠诚是所有职业人都应具备的一种品质，本质体现在以下方面：

（1）职业忠诚是对事业的献身精神和忠诚意识。职业忠诚要求职业人热爱自己所从事的工作，并竭诚为之奋斗，在事业的成功中实现人生的价值。全球人力资源管理服务和咨询公司翰威特的研究指出，职业忠诚可以分为三个层次：第一层次是乐于宣传（Say），即职业人经常会对同事、可能加入企业的人、现实或潜在的客户说组织的好话；第二层次是乐意留下（Stay），即具有留在组织内的强烈欲望；第三层次是全力付出（Strive），即职业人不但要全心全意地投入工作，而且愿意付出额外的努力促使企业成功。职业忠诚集中表现为人们对事业和工作的热爱。劳动与工作是人类社会产生和发展的前提条件，也是每一个有劳动能力的普通公民的基本义务，是一切财富的源泉。

（2）职业忠诚是对事业执着追求的责任心和使命感。具有职业忠诚品德的人视职业为生命的一部分。职业忠诚把忠于职守作为主要内容，要求人们忠实地履行自己的职业职责，有强烈的职业责任感，对工作极端负责任，坚决谴责任何不负责任、偷懒耍滑、马虎草率、玩忽职守、敷衍塞责的工作态度和行为。

（3）职业忠诚是良善的劳动态度和工作作风。对职业忠诚的人深感职业和岗位只是分工的不同，并无高低贵贱之别。梁启超认为，任何一种职业都有无穷的趣味和无尽的快乐，只要你肯继续做下去，趣味自然会发生，快乐也自然会出现。

（4）职业忠诚是精益求精的职业品质和刻苦钻研的精神。职业忠诚必须落实到具体的职业活动中，落实到对所从事的职业中和对技术的钻研中。

职业忠诚集敬业、乐业、勤业、精业于一身，是人们对自己所从事工作和职业发自内心的尊重、热爱等情感及终生愿意为之献身的精神的有机统一，是人们职业价值观和职业操守的综合表现，也是人才在岗位和职业中走向成功和卓越的道德基础和价值源泉。

01 OPTIONS 职业忠诚是对事业的献身精神和忠诚意识

02 OPTIONS 职业忠诚是对事业执着追求的责任心和使命感

03 OPTIONS 职业忠诚是良善的劳动态度和工作作风

04 OPTIONS 职业忠诚是精益求精的职业品质和刻苦钻研的精神

📖 实践阶段 忠诚：付诸实践，忠于内心

从古至今，忠诚是人人都需要的。皇帝需要臣民对他忠诚，领导需要员工对他忠诚，夫妻需要彼此忠诚，忠诚成了验证真心的标准，它是如此重要，不可或缺。

忠诚检验真心的标准

一、拥有领导的心态，与领导同心协力

公司是一条航行于大海中的船，领导是船长，员工是水手。一旦上了这条船，员工的命运就和领导的命运拴在了一起。领导和员工有着共同的行进方向，有着共同的目的地，

双方绝对不是对峙的。领导承受着保障公司生计以及全体员工发展的压力。员工与领导同心协力，包含尽职尽责地完成本人工作，尽可能地分担领导的压力，和领导一道，让公司这条船驶向成功的港湾。

二、忠诚不是口头上的效忠

忠诚是要用业绩来证明的，而不是口头上的效忠。忠诚不是一味地阿谀奉迎，不是用嘴巴说出来的。它不仅要经受考验，还要体现在实实在在的行动上。

三、不要屡次跳槽

假如你不打算忠诚于一家公司，就不要随意选择它；假如你忠诚于一家公司，就不要轻易跳槽。永久忠诚的前提是忠诚的对象值得忠诚，永久忠诚其实不否定跳槽，但屡次跳槽就应当被否定。

很多年轻人以玩世不恭的态度对待工作，他们认为屡次跳槽是正常的，感觉自己工作是在出卖劳动力，自己之所以工作，是迫于生计。理论上，工作是一种契约，若是只将工作视作付出劳动获取酬劳，那么人与工具无异。只有热爱自己的工作，认真对待工作，才能获取回报。

四、忠诚于自己的内心

哲学教授乔赛亚·罗伊斯指出，忠诚具有三种表现：一是忠诚于个体，即对某一个人忠诚，如忠诚于伴侣或者领导；二是忠诚于集体，如在职人员忠诚于某一企业，身为公民忠诚于国家；三是忠诚于原则，如信仰、思想或者操守。当然，这三种忠诚的表现是可以统一起来的，即忠诚于自己的内心。

 案例 1-2

忠诚之外，顺从但不盲从

L供职于一家设计公司，是一名食品包装设计师。她刚进公司不到一年，就因富有才华而受到了老板的重用，很快晋升为设计部经理。5年来，她设计出的产品包装深受客户喜爱。但是公司因为管理不善，正面临着极大的危机，于是很多有名的设计公司便想方设法邀请她加入，可是都被她婉言谢绝了。L说，我入行之初，是老板发现了我的才华，给了我机会，否则，我还是个默默无闻的设计师。现在公司遇到了困难，我更应坚持下去，帮助老板渡过难关，怎么能无情地说走就走呢？

正在这个节骨眼，公司幸运地揽到一个可以拯救危局的大项目。老板对这个项目极其重视，时不时关注设计部工作的进展。这天，老板又来看他们的设计，看后却对设计的颜色不满意，非要把包装的颜色改成绿色。而此时恰好L不在，其他下属也不敢忤逆老板的意思，只好把颜色改成绿色。

第二天，知道原委的L来到办公室，向老板报告不能改动这个颜色，据理力争，十分坚持。这令老板感到非常生气，但一想到现在公司设计部还得靠L，也就不得不妥协了。

设计最终完成，客户验收的时候特别满意，连连称赞自己的选择是对的，说这个设计完全符合自己的期望，特别是颜色，是最大的亮点。直到此时，老板在心里佩服L，甚至庆幸她坚持了自己的方案。

第二天，L去老板办公室，向老板赔不是说当时在这件事情上自己的态度有些强硬，伤了彼此的和气，有些过意不去。老板看见L很有诚意地维护彼此的关系，更加钦佩她了。

通过这一项目，公司得以转危为安，而且名气更大了。

【解析】不可否认，很多时候，职业人遇到类似情况的时候，大多会向老板妥协。坚持自己主张，甚至可能冒着与老板撕破脸的风险实在是太难。L敢于坚持自己的主见，并且能够处理好与上级的关系，这是非常难能可贵的。她这样做，就是对自己团队负责，对公司的忠诚。因为她深知一旦设计质量不符合客户预期，损害的将是整个公司的利益。

此外，切记注意说话的方式，不要让老板觉得你是在否定和指责他，要顺从但不盲从。

📖 反思阶段 忠诚：听话不等于忠诚

员工忠诚能给企业带来明显的效益，它不仅能够增强企业的凝聚力、提升企业的战斗力、降低企业的管理成本，而且能够推动企业的发展。但是，实际操作中，一些人出现了对忠诚的一些误解，形成忠诚认识中的四大误区。

一、以"听话"论"忠诚"

长期以来，人们头脑中似乎形成了这样的观念：听话的员工才是忠诚的员工。因为"听话"，他们的行为符合领导的意愿。行为服从成为员工"忠诚"的代名词和突出表现。对于那些特立独行、难以管理的员工，管理者认为是其"叛逆"。

然而，听话等于忠诚吗？忠诚自有一个等级体系，也分档次。处于低层的是对个体的忠诚，而后是对团队，而位于顶层的是对一系列价值和原则的全身心服从。行为服从是一种表面状态，这种表面的忠诚反映的恰恰是员工不关心企业。

行为上过度服从难免会增加管理者的决策难度，如果不顾实际情况坚决执行上级的命令，必然导致决策"浪漫化"等问题的出现。以"听话"论"忠诚"是一种错误的观点。

二、思维趋同

虽然说条条大路通罗马，但想法不一样很容易导致意见不一。思维是员工对问题的思考，如果员工思维相差很大，行动中就会有冲突出现。然而，员工的不同想法可为解决问题提供不一样的思路。

事实上，员工通常更愿意与自己存有思维差异的人一起工作，以实现互补。如果企业中聚集了大批想法相似的员工，很可能导致企业发展中的"盲点"。而且一旦企业内部大部分员工达到了一种"想法一致"的状态，企业的个性和创造性就会受到遏制，一个失去创新能力的企业根本就谈不上持续发展。将"忠诚"等同于"想法一致"，无异于舍本逐末。

案例 1-3

　　A 是一家以创新为驱动力的科技公司的工程师，加入了一个负责开发公司下一代核心产品的研发团队。这个团队由一群志同道合的年轻人组成，他们都对公司的未来充满了期待和热情。

　　在产品研发的过程中，团队成员产生了一个重大的分歧。一部分团队成员认为应该继续沿用公司现有的技术框架进行迭代，以确保产品的稳定性和市场接受度；而 A 和其他一些成员则主张采用全新的技术路线，以实现更大的创新。

　　在这个分歧中，A 感受到了忠诚与想法之间的冲突。作为公司的一员，A 忠诚于公司的愿景和价值观，愿意为公司的发展付出努力。然而，忠诚并不意味着必须盲目趋同或放弃自己的想法。A 相信，通过充分的讨论和合作，他们可以找到一个既符合公司利益又能实现创新的解决方案。

　　公司管理层鼓励团队充分讨论和辩论，最终通过民主决策的方式确定了产品的技术路线。在这个过程中，A 感受到了公司对员工的尊重和信任，也更加坚定了对公司的忠诚和责任感。

　　【解析】 忠诚并不等同于想法一致，在多元化的团队中，成员之间的想法和观点可能会存在差异，但这并不意味着他们不忠诚。相反，通过充分的讨论和合作，成员可以共同为公司的发展做出贡献，并在这个过程中提高对公司的忠诚度，增强归属感。

三、价值认同是忠诚的充分条件

　　价值观是在特定的物质基础之上逐渐形成的，因为人们无法仅凭观念维持生活。因此，员工对企业的忠诚除了需要建立在价值认同的基础上，还必须获得相应的物质保障。不能将价值认同简单地等同于忠诚，否则员工可能会感到自己的付出没有得到应有的回报，进而忽视那些能够提高忠诚度的价值激励措施。价值认同并不是忠诚的充分条件，只是必要条件之一。

四、从一而终

　　员工之所以忠诚于某个企业，是因为他们认同企业发展目标，并致力于企业发展目标的实现。当企业发展目标发生根本性变化，以至于员工无法接受时，他们有权选择离开。员工对于企业的忠诚并不是从一而终，而是合同期间遵守与企业签订的劳动合同中的各项承诺，以及在合同有效期内为企业竭诚贡献自己的力量。

趣味测验

职业测试：你的忠诚度是多少？

　　心理学研究表明，在同等的外界环境条件下，不同个性特征的人具有不同的忠诚度。个性特征对忠诚度的影响颇为显著。以下是一些能充分反映一个人个性特征的测试题，想要知道你的忠诚度有多少，是高还是低，就一起来测一测吧！

积分规则：选 A 得 1 分，选 B 得 2 分，选 C 得 3 分。

1.一天男友（老公）给你买了一条项链作为生日礼物，但款式你不是很喜欢，你会（　　）。

A.送给适合佩戴的好友

B.好好保存，但从不佩戴

C.虽然不是很喜欢，但也时不时地戴给他看

2.你因为一点小事和朋友大吵一架，事后，你会（　　）。

A.再也不理会对方

B.等待对方来道歉

C.说清矛盾，主动和好

3.好友是竞品公司的职员，当他向你打听你公司技术研发相关事宜时，你会（　　）。

A.毫不保留地向其说出，反正自己也没什么损失

B.透露一点，多了不说

C.岔开话题，委婉拒绝

4.某日，你和现任恋人一起逛街却偶遇初恋，看到对方欣喜若狂地向你走来，你会（　　）。

A.立即撇开身边的恋人，和对方热情拥抱

B.打个招呼，事后偷偷联系

C.礼貌性地打个招呼，一走了之

5.一般情况下，你如何处理那些旧玩具或旧衣服？（　　）

A.毫不在意地丢掉

B.有纪念性的留下，其他的丢掉

C.洗刷干净后摆放在一起，时不时拿一些送给需要它的人

6.你很明确目前所在公司发展的目标和方向吗？（　　）

A.完全不知道

B.或多或少了解一些

C.完全知晓，并全力支持

7.公司为了达成既定的战略目标，制定了明确的策略，要求每个员工加班加点，你会（　　）。

A.坚决反对，如果给高额加班费还可以考虑

B.跟随大家的意见

C.无条件同意

8.当你发现有人在工作中偷懒，虚报业绩时，你会（　　）。

A.不闻不问，认为和自己没关系

B.立即向上级汇报，以此为自己邀功

C.找对方谈一谈，对"死不悔改"者上报给上级处理

9.当你每天为公司忙忙碌碌，年终却没有得到老板的夸奖或薪资奖励时，你会（　　）。

A.什么都不说，立即辞职走人

B. 找到合适的下家，再递上辞呈

C. 反省自己有哪些地方做得不够好，并予以改正

10. 当公司因为决策失误而陷入濒临破产的境况时，恰有一个公司表示愿意给你更好的待遇，你会（　　　）。

A. 立即辞职，到新单位报到

B. 走一步算一步，坐等公司"起死回生"

C. 断然回绝，和公司一起奋战到底

结果分析：

10~17 分，忠诚度非常低。

你骨子里有种叛逆感，无论对朋友、对同事，还是对公司，都很少付出真诚之心，真正可以共患难的朋友极少，同事对你评价也不高，老板不敢对你委以重任，如果你想让自己不那么累，就要敞开心扉，尝试对朋友、对同事坦诚一些。

18~24 分，忠诚度比较低。

你的忠诚度比较低，通常情况下是比较忠诚的，但禁不住物质、利益的诱惑，一旦符合自己的心理预期就有可能把朋友、同事、公司通通"卖掉"。坚定自己的意志，从"心"做出选择。

25~30 分，忠诚度比较高。

你是一个忠诚于朋友、同事、公司的优秀员工，无论就职于哪个企业，从事哪个行业，你都不会轻易更换。但有时会被人利用，因此要分清状况，坚持对的，不要为"叛离"而错得深感内疚。

提升阶段 忠诚：与组织共成长

在职场中，忠诚是一种重要的品质，它有助于建立和维护良好的工作关系，提升团队凝聚力，以及促进个人职业发展。要想做到忠诚，需要做好以下几点：

（1）深入了解组织的使命、愿景和价值观，将组织价值观融入日常工作，通过实际行动体现对组织价值观的认同和支持。

（2）勇于表达自己的观点和想法，特别是在发现组织存在问题时，提出改进建议；与他人积极协作，尊重他人意见，共同为组织目标努力。

（3）认识到团队成员之间的思维差异是宝贵的资源，能够提升创新和决策的全面性；不断学习新知识、新技能，保持对新技术、新观念的开放态度。

（4）认识到变化是常态，积极适应组织内部和外部的变化，包括技术革新、市场变动等；根据个人职业发展和组织需求，灵活调整自己的职业路径和工作方式。

（5）明确自己的职业发展规划，与组织的发展目标相结合，寻求个人成长的机会；主动向领导或同事寻求反馈，了解自己的优势和不足，以便进行改进。

（6）对组织承诺的事项，如工作目标等，要尽力完成，保持忠诚；在离开组织后，继续维护组织的声誉和利益，不泄露机密信息，不做损害组织利益的行为。

采取以上措施，员工可以逐步提高对组织的忠诚度。这种忠诚不仅体现在对组织的服从和贡献上，更体现在对组织价值观的深刻理解和积极践行上，以及在与组织共同成长的过程中，不断追求个人成长和职业发展。

案例 1-4

　　某公司是行业内的佼佼者，也曾经历过数次严峻的经济危机与内部重组的洗礼。在这段时期，有这样一位老员工，他的故事成了公司文化中一道亮丽的风景线。

　　这位老员工叫李明（化名），自公司初创时便加入了这个大家庭。多年来，他见证了公司的成长与壮大，也亲历了那些令人揪心的低谷时刻。

　　一次，当公司陷入困境时，李明没有坐以待毙。他深知，仅凭一己之力难以扭转大局，但他愿意尽自己所能，为公司贡献一份力量。于是，他主动承担起更多的责任，不仅在日常工作中兢兢业业，还积极提出改进建议，帮助公司优化流程、降低成本、提高效率。他的这些努力，虽然看似微小，却在无形中为公司节省了大量资源，也为公司走出困境奠定了坚实基础。

　　除了自我提升和贡献智慧，李明还非常注重公司文化的建设与传承。有新员工加入，他总是第一个站出来，主动承担起培训的任务。他耐心地传授工作经验，分享自己在公司成长的点点滴滴，让新员工感受到公司的温暖与关怀。在他的带领下，新员工迅速融入团队，成为公司的中坚力量。这种"传帮带"的精神不仅增强了团队的凝聚力，也为公司的持续发展注入了新的活力。

　　终于，经过全体员工的不懈努力，公司逐渐走出了困境，迎来了新的发展机遇。在这个过程中，李明的忠诚与贡献得到了公司上下的一致认可。

拓展阶段 忠诚：最大受益者是你自己

案例 1-5

　　小王的老板是一个不折不扣的彩票迷，小王除了每天辛辛苦苦地工作之外，还要做一个跑腿，去彩票店给老板买彩票。在一个领完工资的周末，小王还是和以前一样去彩票店买彩票。小王到彩票店为老板购买了五张彩票，开奖查询时，他发现其中有一张中了100万元的大奖。这真是一个令人振奋的好消息，可是小王很快就意识到这个好消息根本不属于自己。

　　彩票店老板也十分兴奋，他看到愣在那里的小王，以为他被这个突如其来的好消息给吓傻了。彩票店老板一边让店员迅速将这个好消息传出去，一边提醒小王赶快去兑现大奖。

　　小王比任何人都清楚自己家里是多么需要这份大奖。如果有了100万元，他的几个孩子就可以去更好的学校读书了。但是这不应该属于自己。当然，如果自己再购买两张彩票，老板那里就可以应付过去了。那样的话，这个好运就真的可以降临到自己身上了。

的确，这样的决定实在是不好做。忽然，小王想通了，他拿起电话拨通了老板的号码，告诉老板中了大奖。当他挂上电话的那一刻，他的脸上满是泪水，同时露出了如释重负的笑容。

【解析】在职场的竞争法则当中，忠诚必不可少，面对如今竞争激烈的社会，想要在职场里求得生存和发展，我们就要懂得用忠诚的态度去对待自己的企业和领导。有职场气节的员工都有一个共同的特点，那就是忠于自己的工作，对工作就就业业，忠诚于企业，不计较个人的利益，顾全大局，处处以公司利益为先，绝不会为个人的私利而损害公司的整体利益，有时甚至会不惜牺牲自己的利益，因为个人的成长建立在公司成功的基础上，没有公司的壮大就没有个人事业的发展，公司的成功也意味着个人的成功。

忠诚不是一种纯粹的付出，忠诚也会有回报，企业并不仅仅是老板的，也是员工的。忠诚是企业的需要，是老板的需要，更是员工自己的需要。作为一名员工，你必须忠诚才能立足于职场，你自己才是忠诚的最大受益者。

一、忠诚才能被重用

忠诚已成为现代企业普遍采用的基本用人标准，每一个企业都需要忠诚的员工。对于一个企业而言，员工必须忠诚于企业的领导者，这是保证整个企业正常运行、健康发展的重要因素，因为只有忠诚，才会提高职业责任感和职业道德。一位好员工，除应具备良好的专业技能外，更重要的是具有良好的品德。老板都喜欢忠诚的员工，忠诚是员工在企业中发展的基本保障。作为企业的一分子，对企业忠诚，老板就会对你委以重任。对于一位员工来说，被老板委以重任，本身就是一个发展的好机会。

二、忠诚赢得信任

忠诚有助于建立亲密关系。只有忠诚，周围的人才会接近你。"人有信则立，事有信则成"，一个人如果不忠诚，就会给他人不可靠的感觉，难以得到他人的信任，更不要谈有更大的发展了。忠诚之心，大到对国家，小到对企业、对上司、对客户。作为一名员工，在工作岗位上，只有对他人忠诚，他人才会接近你、认可你、接纳你、信任你。

素养加油站

职业忠诚的价值

职业忠诚是指一个员工对其所从事的职业或所在组织的深厚情感和坚定信念，表现为对工作的热爱、投入、责任心和奉献。其价值体现在多个方面。

1.提升工作效率与质量

职业忠诚促使员工更加专注于工作任务，减少分心或消极怠工的情况。忠诚的员工更愿意主动学习新技能，提升个人能力，从而带来更高质量的工作成果。

2.增强组织凝聚力

忠诚的员工是组织文化的传播者和维护者，他们的言行举止能够影响其他员工，形成良好的工作氛围。在面对困难和挑战时，忠诚的员工更可能选择与组织共同面对，而不是逃避或离职。

3.促进个人职业发展

忠诚的员工更容易获得组织的认可和信任，从而获得更多的晋升机会和职业发展资源。长期的职业忠诚有助于员工积累丰富的经验和人脉，为未来的职业发展打下坚实基础。

4.促进团队协作

忠诚的员工更容易融入团队，与同事建立良好的合作关系。在团队协作中，忠诚的员工会积极贡献自己的力量，共同为团队目标的实现而努力。

实训小课堂

【实训目标】

知识目标：

1.了解职业素养的优良品质——忠诚。

2.了解忠诚的内涵、类型。

3.了解职业忠诚的本质体现。

能力目标：

1.能够理解忠诚的内涵。

2.能够理解忠诚的重要性。

素质目标：

1.培养忠诚意识。

2.具备忠诚素养。

【实训案例】

"蛟龙号"上的"两丝"钳工顾秋亮

"蛟龙号"是中国首个大深度载人潜水器，有十几万个零部件，组装起来最大的难度就是密封性，精密度要求达到了"丝"级。而在中国载人潜水器的组装中，能实现这个精密度的只有钳工顾秋亮，也因为有着这样的绝活儿，顾秋亮被人称为"顾两丝"。

"蛟龙号"的载人球是在俄罗斯定制的，安装的难度是在球体与玻璃的接触面上，控制在0.2丝以下。0.2丝，只有一根头发丝的1/50。

顾秋亮的故事

除了依靠精密仪器，更重要的是依靠顾秋亮自己的判断。用眼睛看，用手摸，就能做出精密仪器干的活儿，顾秋亮并不是在吹牛。他即便是在摇晃的大海上，纯手工打磨维修的潜水器密封面平面度也能控制在 2 丝以内。

2004 年，"蛟龙号"开始组装，顾秋亮和他师傅级的前辈们一起被抽调到这个项目上。而且凭着"两丝"的功力，顾秋亮被任命为装配组组长。他们最大的挑战就是确保潜水器的密封性。"蛟龙号"的组装没有可以借鉴的经验，顾秋亮他们只能一点点摸索。时间长了，顾秋亮两只手基本上没有纹路了，打卡都成问题。

目前在中国，有两个深海载人潜水器，组装工作都是由顾秋亮牵头。4500 米载人潜水器或许是他组装的最后一台潜水器，载人舱的玻璃装好了，他还是那么精细，那么专注，反复确认它的安全性。

让人信任一次两次、一年两年容易，要一辈子信任很难。43 年来，顾秋亮用他做人的信念，让他赢得潜航员托付生命的信任，也见证了中国从海洋大国向海洋强国的迈进。

讨论与思考：

1. 从忠诚的角度解析顾秋亮的职业素养。

2. 请结合自身情况，说说你对忠诚的理解。

【实训方法】

请阅读以下材料，完成相应练习。

某人针对忠诚提出这样的疑问：如果企业本身问题很多，如企业的工作条件极差、管理水平很低、客户资源极少、资金捉襟见肘、技术水平低、薪金低、企业风气很乱……我们也要忠诚于企业吗？这种忠诚会不会是一种"绑架"呢？

1. 对于该材料中提出的问题，你是怎样考虑的？请说说你的观点。（不少于 200 字）

_____

_____

_____

_____

_____

2. 结合材料，围绕自己感触最为深刻的一点，阐述你的观点和建议。（不少于 200 字）

_____

_____

_____

_____

_____

【任务评价】

结合实训目标，认真完成实训任务；然后结合自身情况，谈谈自己在各阶段关于职场忠诚的表现；最后结合自评或他评进行评分。

评分标准：1 分 = 很不满意，2 分 = 不满意，3 分 = 一般，4 分 = 满意，5 分 = 很满意。

阶段	任务	个人表现	评分
学习阶段	忠诚是重要的美德、宝贵的品质，是一种价值观念的体现，是忠实、诚实、责任心和信仰的表达。忠诚者在思想、政治、行动上会自觉地维护和执行这些价值观，特别是在面对重大考验和艰难险阻时，能够做出牺牲，将个人价值融入集体价值		
实践阶段	从古至今，忠诚是人人都需要的。皇帝需要臣民对他忠诚，领导需要员工对他忠诚，夫妻需要彼此忠诚，忠诚成了验证真心的标准，它是如此重要，不可或缺		
反思阶段	现代企业中，员工忠诚能给企业带来明显的效益，但实际操作中出现了一些对忠诚的误解，我们要对忠诚有正确的理解		
提升阶段	在职场中，作为员工，我们更应该在职场中培养自己的忠诚意识，让自己成为一名忠诚于公司的员工		
拓展阶段	忠诚不是纯粹的付出，也会有回报，作为员工，自己要忠诚，因为自己是忠诚最大的受益者		

【实训要求与总结】

1. 能够完成实训任务与评估。
2. 认知忠诚、培养忠诚、提升忠诚，具备良好职业素养，为取得职场成功做好准备。

思考题

1. 什么是忠诚？什么是职业忠诚？
2. 简述忠诚的特征。
3. 为什么说忠诚是人格的基石？
4. 如何在职场中保持忠诚？
5. 简述职业忠诚的本质体现。
6. 如何做到忠诚？
7. 员工忠诚体现在哪些方面？
8. 影响员工忠诚度的因素有哪些？

职业信条二：敬业

——即使是最普通的职业，也值得用最高的敬业精神去对待

敬业者，专心致志以事其业也。

——朱熹

敬业与乐业是人类生活的不二法门。

——梁启超

学习阶段 敬业：对工作的责任、使命和专业精神

敬业的基本含义是专注和尊重自己的工作并对自己的职业充满热情，愿意为之付出努力和时间，并追求卓越。它体现了对工作的责任感、使命感和专业精神。

责任、使命和专业精神

一、提倡敬业的必要性

（1）优秀的企业，尤其是世界500强企业非常注重实效、结果，敬业精神是不可或缺的。敬业是社会主义核心价值观之一，是公民个人层面的价值目标，是对公民职业行为准则的价值评价，要求公民忠于职守，克己奉公，服务人民，服务社会，充分体现了社会主义职业精神。

（2）我们时常会用"兢兢业业"来评价优秀员工，这是一种认可。企业对于员工的要求其实相当简单：敬业。那么，怎样做才算是敬业呢？有一家知名企业的人力资源总监说过这样一句话："职场不可能人人都是精英，我们需要的是大量敬业而忠实的员工。你只要可以'不骄不躁、谦虚谨慎、勤奋好学、踏踏实实'，那么恭喜你，你完全具备了成为我们企业优秀员工的资格！"你如果能够胜任你的职位，就完全可以成为企业的优秀员工；只要你足够敬业，你就应向企业展示出你的敬业精神。要在职场生存下去，必备的条件之一就是要有敬业的精神。

（3）敬业是实现中国梦的动力之源，把敬业作为社会主义核心价值观，从公民个人层面加以倡导，具有充分而深刻的实践依据。敬业价值观具有悠久深厚的历史积淀，为各民族所珍视。敬业是中华民族的传统美德。从古至今，中国人始终秉持着敬业的思想观念。敬业是成为一名优秀的职场人士的标准，是职场生存的根本。是否敬业，直接决定了你能否在职场生存下去。

二、敬业的表现

1. 拥有高度的责任心
敬业的员工会对自己的工作负责，这不仅仅是完成任务本身，还包括对工作结果的负责。他们深知自己的工作对于整个团队或组织的重要性，因此会尽力避免出现错误和疏忽。

2. 积极主动的态度
敬业的员工不会等待别人的指示或推动，而是会主动寻找工作机会，积极解决问题，并寻求改进和创新的途径。他们愿意承担额外的责任，以推动工作的进展。

3. 持续学习和提升
敬业的员工深知自己所在领域的不断变化和发展，因此会不断寻求学习和提升自己的机会。他们参加培训，阅读相关书籍和文章，以保持对最新知识和技能的了解。

4. 高效的时间管理
敬业的员工善于管理自己的时间，他们知道如何有效地安排工作，以确保在截止日期之前完成任务，同时保持高质量的工作成果。他们会对工作设定优先级，并集中精力处理

最重要的任务。

5. 良好的团队合作

敬业的员工深知团队合作的重要性，他们愿意与同事分享知识、经验和资源，以共同实现团队的目标。他们尊重团队成员的个性，与团队成员建立积极的工作关系。

6. 追求卓越

敬业的员工不仅仅满足于完成任务，他们追求卓越，努力超越自己的期望和团队的标准。他们设定高标准，并努力达到或超越这些标准。

7. 适应性和灵活性

敬业的员工能够适应职场的变化和挑战，愿意改变自己的工作方式和方法，以适应新的情况或要求。他们具备解决问题的能力，并能够快速适应新的任务或角色。

这些表现共同构成了敬业精神的基石，使得敬业的员工能够在工作中脱颖而出，为团队带来更大的价值。

案例 2-1

　　有个老木匠已经60多岁了，一天，他告诉老板自己要退休，回家与妻子儿女享受天伦之乐。老板舍不得木匠，再三挽留。但此时木匠决心已定，不为所动，老板只能答应。最后老板问他是否可以帮忙再建一座房子，老木匠答应了。

　　在盖房过程中，老木匠的心已不在工作上，用料也不那么严格，做出来的活也全无往日的水准，可以说，他的敬业精神已不复存在。老板看在眼里，记在心里，但没有说什么，只是在房子建好后，把钥匙交给了老木匠。"这是你的房子，"老板说，"我送给你的礼物。"老木匠愣住了，他已记不清自己这一生盖了多少好房子，没想到最后却为自己建了这样一座粗制滥造的房子。究其原因，就是老木匠没有把敬业精神当作一种优秀的品质坚持到底。

　　【解析】 一个人做到一时敬业很容易，但要做到在工作中始终如一，将敬业精神当作自己的一种职业品质却是很难的。敬业精神要求我们做任何事情都要善始善终。因为前面做得再好，也可能会由于最后的不坚持而功亏一篑、前功尽弃。

三、敬业的价值和意义

敬业的价值和意义不仅体现在个人层面，也深刻影响着组织和社会的发展。

在个人层面，敬业有助于个人职业的成长和发展。敬业的人通常更加专注于自己的工作，不断学习新知识、新技能，以提升自己的专业素养。他们对待工作的态度认真严谨，注重细节和质量，这不仅能够提高工作效率，还能减少错误和失误，从而赢得同事和上级的信任与尊重。此外，敬业还能够激发个人的创造力和创新精神，使个人在职业生涯中不断进步和成长。

在组织层面，敬业的员工是组织宝贵的财富。他们能够提升组织的整体绩效和竞争力。敬业的员工会积极参与组织的各项活动，与同事建立良好的合作关系，共同为组织的发展贡献力量。他们的专业素养和工作经验也能够为组织提供宝贵的经验和指导，帮助组织应对各种挑战和困难。此外，敬业的员工还能够为组织树立良好的形象和口碑，吸引更多的优秀人才加入组织，为组织的长期发展奠定基础。

在社会层面，敬业的精神是推动社会进步和发展的重要力量。一个充满敬业精神的个体或群体，能够为社会创造更多的价值和财富，推动社会的繁荣和发展。他们的努力和付出，不仅为自己赢得了尊重和荣誉，也为社会树立了榜样，激励更多的人投身到工作中去。

因此，敬业是一种值得倡导和推崇的职业态度和精神。我们应该积极培养敬业精神，将其融入日常工作，为实现个人价值和社会进步贡献自己的力量。

📖 实践阶段 敬业：需要做出行动

一、树立积极的工作态度

作为一名企业员工，要时刻保持积极的工作心态，积极地对待自己的工作，要从工作中得到乐趣，把自己变成工作的主人而非奴隶。工作是为自己，员工要调整好心态，不要漫无目的虚度青春年华，最终与成功无缘。积极的工作态度为企业发展、事业的腾飞提供了有力的精神支持。

二、具备良好的职业素质

一个人爱岗敬业，他就会全身心地投入到工作中去。因为这样的人把工作当成一种享受，这种内在的精神力量鼓舞着他认真工作，是爱岗敬业的动力。只有爱岗敬业的员工才能不断提高自己的职业素养，并在工作中最大限度地发挥自己的潜能，为企业创造更多的财富，从而实现自身价值。具备良好的职业素质应做到百分百投入，具有挑战新工作的勇气，不断完善自我，力求做到最好，再创新路。

三、合理安排时间

合理安排时间，就等于创造时间。时间，生命中的匆匆过客，往往在不知不觉中悄然而去，不留下一丝痕迹。人们常常在它逝去后，才渐渐发觉，留给自己的时间已经所剩无几。

上天给了我们两个最大的财富：才华和时间。我们的一生就是一个用时间来换取才华的过程，而我们的时间是有限的，如何在有限的时间内获得无限的才华呢？合理安排时间就显得尤为重要了。

方法一：明白自己的时间是如何花掉的。

选择任意一个星期，每天记录下每30分钟做的事情，然后做一个分类（如读书、和朋友聊天、社团活动等）和统计，看看自己哪些方面花了太多的时间。每天结束后，把一天所有的事情记录下来，以每15分钟为一个单位，一周结束后，分析一下哪些事情占得时间太多，有没有方法可以提高效率。

方法二：做自己真正感兴趣且与自己人生目标一致的事情。

如果做自己不感兴趣的事情，可能会花掉 40% 的时间，但只能产生 20% 的效果；如果是做自己感兴趣的事情，可能会花 100% 的时间而得到 200% 的效果。所以"生产力"和"兴趣"有着直接的关系，而且这种关系不是单纯的线性关系，这就是兴趣的力量。

方法三：学会利用碎片时间。

如果你做了时间统计，你就会发现每天都有很多时间流逝掉，如等车、排队、走路等，我们应该把那些可以利用时间碎片做的事情事先准备好，一有碎片时间就拿出来做。

方法四：重要的事情先做。

每天选出最重要的三件事，并且保证当天一定能够完成。在学习和工作中，每天都有做不完的事，我们唯一能够做的就是分清轻重缓急，要知道急事并不等于重要的事情。

方法五：运用二八原则。

人如果利用最高效的时间，只要 20% 的投入就能产生 80% 的效率。反过来，如果使用最低效的时间，投入 80% 的时间却只能产生 20% 效率。一天头脑最清醒的时候，应该做需要专心的工作。我们要把握一天中 20% 的最高效时间，用在做最困难的事情上。

四、做出成果

做出成果可以让人更容易获得各种荣誉和奖励，提升职业地位和薪资水平。因此，要想在职场中取得成绩，就要努力做出成果。

怎样做出成果呢？首先，了解公司和团队的目标，明确自己应承担的职责和任务；其次，通过学习和实践不断提升自己的能力，尤其是软实力和团队合作能力；最后，刻苦努力，不怕困难，持之以恒地完成任务，争取用取得的成绩来打动上司和同事。

五、与人为善

与人为善，可以增强彼此的信任和合作，获得更多机会和支持。

怎么与人为善呢？首先要尊重别人，消除对他人的偏见和猜疑，以平等的心态对待他人。一旦有人遇到困难，可以主动提供帮助，增进友好关系。同时要以诚待人，坦率地表达自己的想法和意见，承担自己的责任，赢得别人的尊重。

案例 2-2

　　小张，是一个刚刚加入市场部且充满干劲但经验尚浅的新员工。面对全新的工作环境和复杂的业务流程，他感到既兴奋又有些手足无措。尽管他努力去适应，但还是会时常因为一些细节问题而陷入困境，工作效率也因此受到了影响。

　　就在这时，市场部的老员工李姐注意到了小张的困境。她主动询问小张在工作中遇到的问题，并耐心地为他解答。不仅如此，李姐还利用自己的闲暇时间，为小张详细梳理了市场部的工作流程和注意事项，帮助他更好地理解公司的业务模式和部门间的协作方式。

　　李姐的指导不限于工作时间。下班后，当小张还在为某些问题苦思冥想时，李姐总是会及时地通过电话或邮件为他提供帮助。李姐用自己的实际行动，让小张感受到了团队的温暖和支持。

　　在李姐的悉心指导下，小张很快适应了市场部的工作环境，对业务流程也有了更深入的理解。他的工作效率因此得到了显著提升，不仅能够按时完成各项任务，还能在工作中提出一些有价值的建议。

　　小张被李姐的帮助所感动，他意识到在职场中，同事之间的互助和支持是多么重要。于是，他也开始主动帮助其他新同事，分享自己的经验和心得。这种互助的氛围逐渐在市场部内部蔓延开来，形成了良好的团队文化。

　　此外，小张的成长和进步也得到了上级的认可。他不仅在短时间内成了市场部的一名得力干将，还因为他在团队中的积极作用而获得了晋升的机会。

　　【解析】这个案例充分展示了与人为善，主动提供帮助在职场中的重要性。通过李姐的悉心指导，小张不仅快速融入了职场，还成为团队中的一股积极力量。这种互助和支持的精神，不仅有助于个人的成长和进步，还能提升整个团队的凝聚力和战斗力。

六、维护个人形象

　　怎么维护个人形象呢？首先要注重仪表和着装，让自己的外表更加整洁、干净、整齐；然后要有良好的工作态度，认真负责、积极进取、勇于担当；最后要注重礼仪，不管是面对同事、客户还是上司，都要讲究礼貌和尊重，提高自己的社交技巧。

七、不断学习

　　职场中，技术更新迭代非常快，只有不断学习，才能不断提升自己的能力，更好地适应职场，从而在职场中获得更多的机会。

　　怎么不断学习呢？首先要扩宽自己的知识视野，及时了解新的知识和技能，参加各种培训和研讨会，不断深入学习和钻研。其次要养成良好的学习习惯，如阅读、写作、思考等，培养自己的创造力和创新精神。

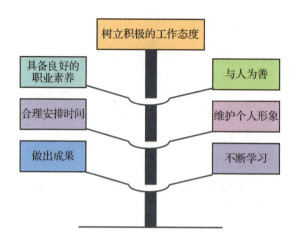

树立积极的工作态度

具备良好的职业素养　与人为善

合理安排时间　维护个人形象

做出成果　不断学习

反思阶段 敬业：职场中的问题与误区

一、职场中敬业的问题

工作是人拼搏进取的支点，是实现人生价值的基本舞台，我们应当像热爱生命一样热爱自己的工作，把工作当作毕生追求的事业，用整个人生去书写精彩的华章。然而，现实中，很多人面对不喜欢的岗位，不是逃避就是消极应对。他们不去思考怎样改变现状，而是不断抱怨，恨自己生不逢时，每天在长吁短叹中虚度光阴。职场中的敬业问题如下。

1. 缺乏工作热情
部分员工在工作中缺乏积极性和热情，完成任务时只关注数量而不注重质量。

2. 工作态度不端正
部分员工存在迟到、早退、请假频繁等问题，这不仅影响个人工作效率，也会对团队整体工作氛围产生负面影响。

3. 面对困难时缺乏主动解决的能力
一些员工在遇到问题时，往往选择逃避或拖延，缺乏主动解决问题的能力和积极性。

4. 职业道德缺失
少数员工在工作中存在违反职业道德的行为，如泄露公司机密、不遵守工作纪律等，这些行为严重损害了企业和个人的声誉。

二、职场中敬业的误区

1. 认为敬业就是加班加点
虽然加班加点在一定程度上可以体现员工的努力和付出，但敬业更体现在工作时间内高效率、高质量地完成任务上。

案例 2-3

　　李明是一个勤奋的员工，他总是在工作中表现出极高的职业素养和敬业精神。有一天，他的领导交给他一项任务，要求他负责一个重要的项目。李明接手这项任务后，花费了大量的时间和精力，认真研究了任务的要求，并制订了详细的工作计划。他不断地加班、熬夜，整理资料、协调资源，确保工作顺利进行。终于李明完成了任务，但由于没有理解领导的真正需求，领导对他的工作成果并不满意。

　　【解析】李明的付出没有得到领导的认可，这反映了职场中不仅要敬业，还需要理解和满足领导及团队的需求。

2. 忽视团队协作
　　敬业不仅需要个人努力，更需要与团队成员相互支持、共同进步。
3. 将敬业与高薪等同
　　敬业是职业道德的体现，不应仅仅与薪资挂钩。员工应树立正确的职业观和价值观，将敬业视为个人成长和企业发展的动力。

趣味测验

敬业度测试

　　以下是一个关于敬业的小测试，包含多个与工作态度和职业素养相关的问题，请根据你的实际情况选择最适合的答案。

　　1. 你是否从不拿工作单位的任何物品？（　　　）
　　A. 不赞成　　　　　B. 基本赞成／有点不赞成　　　　　C. 赞成

　　2. 在规定的休息时间之后，你是否能及时返回工作场所？（　　　）
　　A. 不赞成　　　　　B. 基本赞成／有点不赞成　　　　　C. 赞成

　　3. 当你看到别人有违反单位规定的举动时，你是否会及时制止？（　　　）
　　A. 不赞成　　　　　B. 基本赞成／有点不赞成　　　　　C. 赞成

　　4. 你是否能对单位的商业秘密守口如瓶？（　　　）
　　A. 不赞成　　　　　B. 基本赞成／有点不赞成　　　　　C. 赞成

　　5. 在工作时间内，你是否从不擅自离开工作岗位？（　　　）
　　A. 不赞成　　　　　B. 基本赞成／有点不赞成　　　　　C. 赞成

　　6. 你是否从不做任何有损公司名誉的事情？（　　　）
　　A. 不赞成　　　　　B. 基本赞成／有点不赞成　　　　　C. 赞成

　　7. 你能否积极提出有利于公司的意见，而不考虑能否得到相应的奖励？（　　　）
　　A. 不赞成　　　　　B. 基本赞成／有点不赞成　　　　　C. 赞成

　　8. 你是否关心自己和同事的身心健康？（　　　）
　　A. 不赞成　　　　　B. 基本赞成／有点不赞成　　　　　C. 赞成

　　9. 你是否乐于承担更大的责任，接受更繁重的任务？（　　　）
　　A. 不赞成　　　　　B. 基本赞成／有点不赞成　　　　　C. 赞成

10. 你是否愿意在工作时间之外自发地加班？（　　　）

A. 不赞成　　　　B. 基本赞成／有点不赞成　　　　C. 赞成

11. 在业余时间，你是否注重钻研与工作有关的技能，提升职业素养？（　　　）

A. 不赞成　　　　B. 基本赞成／有点不赞成　　　　C. 赞成

12. 你是否认同工作单位的价值观，并对本岗位的使命有清晰的认识？（　　　）

A. 不赞成　　　　B. 基本赞成／有点不赞成　　　　C. 赞成

计分规则：

选择 A 选项得 1 分；

选择 B 选项得 3 分；

选择 C 选项得 5 分。

测试结果解读：

80 分及以上：敬业度非常高。你对待工作充满激情，一丝不苟，从不偷懒或拖延。你总是尽心尽力地完成工作，并主动请缨解决困难问题。你是老板的得力助手。

61~79 分：敬业度较高。你能够高效地完成工作，并经常提前完成。你对工作充满激情，尽职尽责。你总是能得到老板的赏识。

41~60 分：敬业度一般。你能够按时完成工作，但效率不是特别高。你偶尔会偷懒或不负责任，但总体上能够胜任自己的工作。你需要以更积极的态度对待工作，提升工作效率。

40 分以下：敬业度很低。你对待工作总是敷衍了事，积极性不高。你经常为自己的失职找借口，缺乏对敬业的理解。你需要培养对职业的兴趣，严格要求自己，并珍惜现有的工作机会。

📖 提升阶段 敬业：积极表现，提升自我

敬业是立身之本，也是职场中重要的美德。每个员工作为企业的一员，都要时刻牢记自己的身份，处处维护公司利益，尽职尽责地做好自己的每项工作。只有每个员工做好本职工作，把个人的追求与企业整体利益联系在一起，团队才能拧成一股绳，劲往一处使，进而增强企业的凝聚力和战斗力，促进企业更快、更好地发展。

一、树立严肃认真的工作态度

在工作中，首先需要解决的问题就是思想观念问题，具体来讲就是对待工作的态度。其次应该明确工作职责，增强工作责任感，尽职尽责地做好领导交代的每一项工作。这种严肃认真的工作态度，对于任何一个人来讲都是不可忽视的重要因素。

二、发扬团结协作的互助精神

职场中，部门与部门之间的往来，人与人之间的合作，都是紧密相连的。所以，每个

人必须具有团结协作的意识。作为一个单位或部门的员工，我们不仅要对自己的工作负责，还要对他人、对单位的各项事务负责。这就要求我们团结友爱，做好本职工作，共同协作，促进企业的发展。

三、提高自身的综合素质

做好本职工作，不仅要以大局为重，以企业的利益为重，还应注重提高自身综合素质。一个人综合素质的高低，对能否做好本职工作起决定性的作用。只有自身综合素质提高了，才能胜任自己的本职工作，才不会影响他人的工作，不影响企业的发展。

社会在突飞猛进地发展，科技在日新月异地进步，职业人只有加强知识业务的学习，切实提高文化理论水平，在工作中采用正确而又科学的方法，才能满足企业不断发展的需要，以致将工作做到尽善尽美。

四、拥有较强的工作责任心

所谓的责任心，就是每一个人对自己的所作所为，敢为负责的心态，是对他人、对集体、对社会、对国家乃至对整个人类承担责任和履行义务的自觉态度。职业人要时刻牢记责任心的含义，把责任作为一种强烈的使命感，把责任作为自己必须履行的根本义务，对工作怀有高度的责任心。

工作责任心表现为：做好本职工作，勇于主动承担工作责任，不知难而退，工作中细致认真，尽心尽责，出现问题及时发现，并为工作献计献策，勇于实现工作中的创新。

只有对工作忠诚、守信，才能把对工作的责任心作为一种习惯落实到自己的实际工作之中去。

五、发扬崇高的敬业精神

敬业就是敬重自己的工作，将工作当成自己的事。

在工作中，职业人要做到以敬业的高标准来严格要求自己，努力发扬敬业精神，把工作当成自己的事业，一切从企业的利益出发；尊重自己的工作，热爱自己的岗位，以主人翁的姿态把敬业的精神贯穿到自己工作中的每一个环节中去。

六、具有强烈的奉献精神

奉献精神的作用就是：你从内心驱使自己，全力以赴地去工作、劳动、服务，努力培养自己为企业工作奉献的精神和品质，把单位和集体的利益放在第一位，不计较个人得失，兢兢业业、任劳任怨地工作，充分发挥自己的聪明才智，在实践中不断增长自己的智慧，不断提升自己的人格魅力和生存价值。

七、拥有平和的心境

工作中，任何人都难免犯错误，但只要适时调整心态，及时总结教训，就不失为明智之举。我们应用一种平和的心态去正视工作中的失误，总结工作经验，努力改正工作方法，尽最大努力把工作做得完美。

 案例 2-4

　　H 大专结业后，前往南方某市求职，经过一番努力，她和另外两个女孩被同一家公司录用，试用期为一个月，试用期合格就会被正式聘用。

　　实习期过了 29 天后，公司按照工作能力给她们评分。H 虽然很努力，但评分仍然比另两位女孩低了 2 分，H 没有被录用，公司王经理托部下通知 H："明天你是最后一天上班，后天便可以结账走人。"

　　最后一天上班时，大家都劝 H："反正公司明天会发给你一个月的试用期工资，今天你就不必上班了。"H 笑道："昨天的工作还没做完，我干完那点活再走也不迟。"到了下午 3 点，H 把最后的工作做完了。又有人劝她提早下班，可她笑笑，不慌不忙地把自己工作过的桌椅擦拭得干干净净，一尘不染，和同事一同下班，她感觉自己很充实，站好了最后一班岗。其他员工见她这样做，都非常感动。

　　第二天，H 到公司的财务处结账，结完账，她正要离开时遇见王经理。王经理对她说："你不要走，从今天起，你到质量检验科去上班。"H 一听，惊住了，她不相信会有这种好事。王经理却微笑着说："昨天下午我暗中观察了你好久，面对工作你有坚持的品质。正好我们公司的质量检验科缺一位质检员，我相信你到那里一定会干得很好。"

八、满招损，谦受益

　　要想把工作干好，就必须做到虚心求教、不耻下问、博采众长。只有广泛听取不同人的见解，特别是同行人的反对意见，并认真分析分歧的原因，对症下药，才能解决实际工作中所存在的问题。

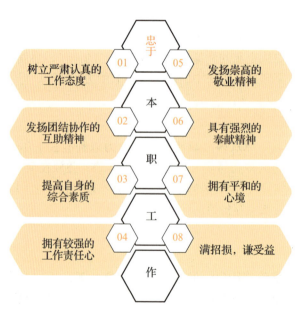

忠于本职工作

01 树立严肃认真的工作态度
02 发扬团结协作的互助精神
03 提高自身的综合素质
04 拥有较强的工作责任心
05 发扬崇高的敬业精神
06 具有强烈的奉献精神
07 拥有平和的心境
08 满招损，谦受益

总而言之，做好本职工作是一个人最基本的职业道德。敬业是基础，乐业是前提，勤业是根本。职业人应该具有饱满的工作热情、认真负责的工作态度、勇于奉献的工作精神、乐于创新的工作意识、把自己的工作做到位，尽到自己的工作责任。

📖 拓展阶段 敬业：不断超越自我

职场是人生最为精彩和充满机遇的阶段，也是一个需要不断拓展自我的过程。无论是刚刚毕业的大学生，还是在职场中奋斗多年的职场老手，都希望能够不断超越自我，取得更大的进步和成就。那么在职场中如何自我超越呢？

一、不断拓宽眼界，学习新技能

职业人应不断拓宽眼界，学习新技能，丰富阅历，增加知识储备，让自己具备更大的竞争力，更容易在职场中脱颖而出；同时，需要不断地适应职场环境的变化，适时调整，获得成功。

二、提高沟通能力，建立良好的人际关系

职场中，一个人的沟通能力和人际关系是非常重要的。要想在职场中有更好的表现，必须学会和各类人打好交道。要建立良好的人际关系，就要多关心他人、尊重他人，努力表现自己的能力和价值，让他人产生认同感和信任感；同时，要克制自己的情绪，沉着应对各种挑战和困难，化解矛盾，维护和谐的人际关系。职场中，各种资源都是互相联系的，建立良好的人际关系更易于获取资源，更好地应对职场挑战。

三、持之以恒，不断提高专业能力

职场中的成功并非一蹴而就，需要付出大量的努力和时间。职业人只有不断提高自身的专业能力，提出新的想法和创新，才能不断地超越自我。职业人要持之以恒，时刻关注行业内最新的动态，学习相关技能，汲取经验教训，积累经验，发展自身的专业知识和技能，让自己具备更大的竞争力和差异化。

 案例 2-5

徐立平：为铸"利剑"不畏艰险

徐立平是航天科技集团特级技师，自 1987 年参加工作 30 余年以来，一直从事固体火箭发动机药面整形工作，该工序是固体火箭发动机生产过程中非常危险的工序之一，被喻为"雕刻火药"。多年来，他承担的战略导弹、战术导弹、载人航天、固体运载等国家重大专项武器装备生产任务，次次不辱使命。安全精准操作，工艺要求 0.5 毫米的整形误差，他却始终控

徐立平的故事

制在 0.2 毫米内。在重点型号研制生产中，他经常被指定为唯一操作者，在高危险、高精度、进度紧等严苛的生产条件下，经他整形的产品型面均一次合格。

多年来，除带领班组完成日常科研生产任务外，徐立平先后数十次参与发动机缺陷修补攻关，并创新实现了真空灌浆、加压注射等修补工艺。在某重点战略导弹发动机脱粘原因分析中，他凭借扎实的技能和超人的勇气，钻入发动机腔，精准定位并对缺陷部位完成挖药、修补，修补后的发动机最终成功试车，保障了国家重点战略导弹研制计划顺利进行，为国家挽回数百万元的损失。为查明某重点研制型号发动机缺陷原因，需要使用金属钻头从药柱表面打孔以取得预定样块，取样部位距金属壳体仅 5 毫米，稍有不慎就可能因钻头与壳体摩擦引起燃烧爆炸。作为主操作，徐立平一次成功、安全精准取出预定样块，顺利找到病灶，成功攻克型号研制的"拦路虎"。

为解决手工面对面操作带来的安全隐患，徐立平带领班组开展机械整形技术攻关，推动实现了包括"神舟"系列在内的 20 余种发动机远距离数控整形，填补了国内行业技术空白。

四、勇于拥抱变化，不断接受挑战

职场中，常常会遇到各种变化和挑战，有些人面临压力和困惑时，望而生畏。但是，这显然不是一个追求自我超越和发展的人的态度。职业人应该勇敢地面对各种变化和挑战，敢于拥抱变化，不断接受挑战，使自己更有信心、更有动力，从而更快地适应职场环境，更加高效地应对困难和挑战，实现自我超越。

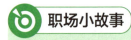 职场小故事

牙膏开口扩大 1 毫米

"牙膏开口扩大 1 毫米"为十大经典职场小故事之一，这个职场故事想必大家都听说过。某品牌的牙膏，由于包装精美、品质优良，备受顾客喜爱，连续 10 年营业额保持 10%~20% 的增幅。可到了第 11 年，销售业绩却停滞不前。不久后公司总经理召开会议，商议对策，提出谁有好的销售方法，就奖励 10 万元。员工提出了无数建议，当总经理听到一个年轻人的创意建议后，立刻奖励了他 10 万元，并决定第二年按年轻人的建议去实施，第二年牙膏的销售额果然翻了一番。年轻人的创意很简单：将现有的牙膏开口扩大 1 毫米。

【解析】这个职场小故事告诉我们，面对生活中的变化，如果坚持既有的思维方法，很容易陷入瓶颈。主动打破常规，说不定能"柳暗花明又一村"，要拥抱变化，接受挑战。

素养加油站

敬业：社会主义职业道德的核心理念

国家的发展与社会的进步离不开敬业。任何一个国家想要实现快速发展，国民必须拥有一个好好做事的精神状态。中华民族是敬业的民族，勤劳勇敢是我们的传统美德。

正是依靠敬业奉献，在历史上我们的先人创造了灿烂的文明。改革开放以来，我们缔造了经济发展的奇迹。历史经验反复证明，国民敬业则国家强盛，社会进步；国民懈怠，则社会衰退。

团队事业的成功与组织目标的实现离不开员工的敬业。无论是党政机关还是事业单位、企业组织，员工的敬业度高，事业即使出现挫折，最终也会克服困难取得成功；如果员工混日子的思想比较严重，即使事业看起来顺风顺水，衰败迟早也会到来。

敬业精神的强弱，敬业水准的高低，还直接决定个人作为的大小。在这个社会上，凡是有所作为的人，都是非常敬业的人。很多企业家事业干得风生水起，他们都经过了创业的艰辛，因为，敬业是立业之本。

在当代中国，敬业具有特殊的重要意义。我们的社会主义事业是需要全国各族人民共同为之奋斗的历史伟业。中华民族实现伟大复兴的中国梦，同样要靠14亿中国人努力创造的伟大实践。这个伟大事业、伟大实践是由各个不同的具体行业和职业组成的有机统一体，每个人都在自己特定的岗位上通过特定的职业活动来为这个事业服务，这就需要我们每个人艰苦奋斗、勤奋敬业、拼搏奉献。因为，敬业是实现中国梦的动力之源。

实训小课堂

【实训目标】

知识目标：

1. 了解职业素养中的敬业精神。

2. 了解敬业精神在职业素养各阶段的体现。

3. 理解敬业的内涵。

能力目标：

1. 能够珍惜自己的工作。

2. 能够热爱自己的工作。

3. 能够忠于自己的工作。

素质目标：

1. 树立正确的敬业精神。

2. 培养敬业意识。

【实训案例】

艾爱国是第一位从湘钢走出来的焊接大师。从世界最长跨海大桥——港珠澳大桥，到亚洲最大深水油气平台——南海荔湾综合处理平台，这些国际国内超级工程中，都活跃着他的身影；从助力中国船舶制造业提升国际竞争力，比肩世界一流水平，到突破国外企业"卡脖子"技术，填补国内技术空白，都离不开他的焊接绝活。凭借一身绝技、执着追求，艾爱国2021年被授予"七一勋章"。

艾爱国的故事

艾爱国在 20 世纪 80 年代采用交流氩弧焊双人双面同步焊技术，解决当时世界最大的 3 万立方米制氧机深冷无泄露的"硬骨头"问题；20 世纪末带领团队 10 年攻坚，打破国外技术垄断，填补国内空白，实现大线能量焊接用钢国产化；花甲之年带领团队解决工程机械吊臂用钢面临的"卡脖子"技术，大幅度降低我国工程机械生产成本；主持的氩弧焊接法焊接高炉贯流式风口项目获得国家科技进步二等奖，申报专利 6 项，获发明专利 1 项。艾爱国用 50 多年的时间实现了自己最初写下的"攀登技术高峰"的目标，将自己活成了一座高峰。

如今，72 岁的艾爱国仍然留在湘钢，工作在生产科研第一线。这些年，他为冶金、矿山、机械、电力等行业攻克 400 多项焊接技术难题，改进焊接工艺 100 多项，在全国培养焊接技术人才 600 多名，创造直接经济效益 8000 多万元，成为我国焊接领域的领军人。

讨论与思考：
1. 从敬业的角度解析艾爱国的职业素养。
2. 请结合自身情况，说一说你对敬业这一职业素养的理解。

【**实训方法**】
1. 结合案例资料，完成讨论与思考。
2. 结合案例资料，围绕自己感触最为深刻的一点，阐述你的观点和建议。

【**任务评价**】

结合实训目标，认真完成实训任务，然后结合个人自身情况，谈谈自己在各阶段关于职场敬业方面的表现；最后结合自评或他评进行评分。

评分标准：1 分 = 很不满意，2 分 = 不满意，3 分 = 一般，4 分 = 满意，5 分 = 很满意。

阶段	任务	个人表现	评分
学习阶段	敬业是对待生产劳动和人类生存的一种根本价值态度。职业人应珍惜自己的工作，这不仅是一个认识问题，更是一种责任、一种承诺、一种精神、一种义务		
实践阶段	在职场中，敬业可以让人在职场工作中更加得心应手，得到更多的机会和提升		
反思阶段	工作是人拼搏进取的支点，是实现人生价值的基本舞台。应当像热爱生命一样热爱自己的工作，把工作当作毕生追求的事业，用整个人生去书写精彩的华章，但同时要学会面对实际工作中的问题，识别误区		
提升阶段	忠诚是立身之本，也是职场中值得重视的美德。应尽职尽责地做好自己的每项工作。只有做好本职工作，把个人的追求与企业整体利益联系在一起，才能促进企业更快更好发展		
拓展阶段	职场是人生最为精彩和充满机遇的地方，也是一个需要不断超越自我的地方。要实现自我超越，需要做到：不断拓宽视野，学习新技能；提高沟通能力，建立良好的人际关系；持之以恒，不断提高专业能力；勇于拥抱变化，不断接受挑战		

【实训要求与总结】

1.完成实训任务与评估。

2.通过实训小课堂，在理论知识和职业技能方面都获得提升，从而具备职业人的良好职业素养，为实现职场成功做好准备。

思 考 题

1.为什么要提倡敬业？

2.敬业有哪些表现？

3.在职场中如何保持敬业？

4.职场中敬业的误区有哪些？

职业信条三：遵从

——职场迈向成功的基石

> 天下之事，不难于立法，而难于法之必行；不难于听言，而难于言之必效。
>
> ——张居正

📖 学习阶段 遵从：遵守规则，服从指挥

遵守规则，服
从指挥

遵从是指一个人或群体遵守规则、服从命令、顺从权威或遵循指导的行为和态度。它是一种对外部权威的认可和接受，并按照其要求或指示实施行动的能力。遵从常常体现在组织、家庭、学校、工作场所等社会生活中。遵从强调个体的自我约束和责任感，同时要求权威方合理、公正地制定规则，进行指导。

对于遵从，人们并不陌生，因为它是一种非常普遍的现象：幼儿时期孩子遵从父母，上学期间学生遵从老师，参加工作后员工遵从领导，等等。无论是在家庭、学校还是在工作场合，我们都需要遵从规则、服从指挥。

一、职场迈向成功的首要条件是学会遵从

1.遵从是一种美德

遵从是一种美德。遵从所表现出来的是个人能力。遵从可以让人放弃任何借口，放弃惰性，摆正自己的位置，调整自己的情绪，让目标更明晰。没有遵从就没有执行，没有执行，一切都将是空想。

遵从是行动的第一步，一个人只有在学习遵从的过程中，才会对企业的价值及运作方式有更透彻的了解。一名称职的员工必须以遵从为第一要义，没有遵从观念，就不可能把自己的工作做好。每一名员工都必须遵从上级的安排，就如同每一名军人都必须遵从上级的指挥一样。大到一个国家、军队，小到一个企业、部门，其成败很大程度上取决于个体是否完美地贯彻了遵从的观念。

2.遵从是一种素质

遵从是一种素质，是职业人必须具备的素质。遵从就是在第一时间对指令的执行，即无条件、及时、准确、完全地执行领导的指令。在很多职业人的理念中，遵从就是"对的就遵从，不对的就不遵从"。其实遵从还是一种道德行为，它意味着人们对法律、规则和其他人权利的尊重和遵守。遵从者更多地倾向于遵循既定的规则和常规。他们通常会考虑传统的方法和途径，以解决问题或完成任务。遵从在职场中体现为守规，主要是指遵守职场规则、遵守企业管理制度、遵守国家法律法规等。

3. 遵从是一种价值观的表现

遵从不仅仅是为了遵循规则，更是一种价值观的表现。遵从意味着尊重他人的意见和决策，同时表明对规则和制度的认可。当我们能够真正理解并接受这种价值观时，我们将更容易与他人和谐相处，形成稳定的人际关系。

在工作和学习中，遵从是完成任务、实现目标的前提条件。通过遵从他人的指挥和规则，我们能够更加高效地完成工作，取得更好的成果。同时，遵从表明我们对自己所承担的责任的认可和接受，这样我们才能在工作和学习中取得成就。

4. 遵从是下属对上级的认同感和尊重的表现形式

作为下属，怎样才能获得更多的表现机会？当然是为上级所看重。在现实工作中，很多管理者都抱怨下属对他们不够尊重。例如，当他们对下属下达命令和指示的时候，下属总是要跟他们讲条件。又如，下属对管理者制定的各种规章和制度，喜欢搞所谓的"变通"，使得正常的工作指令不能及时得以贯彻执行。

下属对领导指令的遵从，是企业效率提升的基础。如果下属不认同上级，不遵从统一指令，各有各的想法，企业就会停滞不前，甚至是后退。如果下属能够尊重上级，企业的生产就会提高效率，从而在短时间内积累价值，个人也会获得一个更好的发展平台。

5. 遵从是领导能力的基本表现形式

遵从是领导能力的基本表现形式。你如果希望向组织中的更高层级发展，获得一个更高的职位，那么就必须学会遵从。这是因为，无论处于什么层级，领导者的权利总是有限的，领导者的地位再高，他也需要对另一个更高的领导负责，学不会遵从，也就学不会做领导。

遵从是职业人应尽的一种义务。下级遵从上级，是上下级开展工作，保持正常工作关系的前提，是融洽相处的一种默契，也是上级观察和评价自己下属的一个角度。因此，作为一名合格的员工，必须遵从上级的命令。

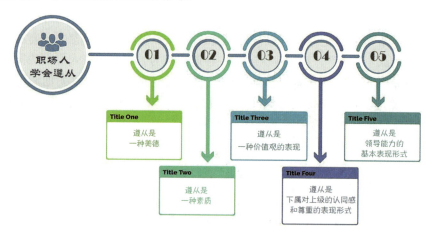

二、树牢遵从意识

一个团队如果没有人来领导就如同一盘散沙，领导的作用又是通过怎样的方式来实现的呢？那就是企业管理制度。但如果大家的遵从意识很淡薄，那么一切都是空谈，因此处于社会中的每一个个体都要具有遵从意识。

遵从是成为优秀职业人的第一步，即以遵从的精神投身于所从事的工作；遵从应该成为所有职业人奉行的重要行为准则，只有对上级决策的遵从和执行，才能成为一名优秀职业人。

任何一个组织或者一个体系的正常运转都离不开遵从的支撑及决定作用。也可以这样说，是遵从决定了组织的生存，是遵从维系着组织的运转。遵从管理不需要借口，也不需要理由，遵从本身就是职场规则。树牢遵从意识应做到以下几个方面。

1. 精诚团结

精诚团结是培育组织遵从意识的核心要件。真正具有价值的组织遵从，应根植于全员价值共识之上，这种"如臂使指"的协同效应，所释放的能量，相较各自为政的离散状态往往能产生几何级数的执行增益。

2. 形成合力

一个组织越健康，遵从的理念就越坚定；一个组织越有生机，遵从的精神就越发扬光大；一个组织越有希望，遵从的涵养就越深厚。遵从是组织发展的推进器，它卓有成效地助推一个组织向前迈进。遵从是发动机，它每时每刻都在给所在的组织注入动力、活力和凝聚力。在一个组织里不唱反调、不使反劲、不拖后腿，这既是遵从大局，又是遵从实务，更是顺应前进的步伐。

3. 讲大局

维护大局是遵从，奉献于大局更是遵从。不能因为一时一事不满而不顾大局甚至破坏全局，最终成了不讲大局的伪遵从。

4. 讲质量

遵从不是孤立的，更不是静止的。遵从要讲究质量，高质量的遵从是主观能动的遵从，低质量的遵从是被动消极的遵从。两者最大的区别：不仅是所带来结果优劣的不同，还有在遵从的过程中所表现出来的态度的不同。

5. 讲效率

效率是遵从的生命，因为低效率往往会带来毫无意义的遵从，甚至会带来适得其反的结果。

6. 讲过程

遵从本身就是过程，遵从的过程就是工作的过程。讲工作，既是讲遵从，又是讲过程。在工作过程的每一个环节，都有因为遵从理念所要承担的行为职责，而正是这种行为职责决定了工作的成败。所以遵从不仅是遵从某一项指令，还是时刻都在遵从某一项工作的各个环节的职责要求。可见遵从是一种循环渐进的过程。

7. 讲结果

虽然遵从本身不是结果，但遵从是为了结果。不讲结果的遵从等于没有目的的遵从，没有目的的遵从，要么是伪遵从，要么是瞎遵从，它与工作有可能背离。所以讲结果也是遵从，只不过它是具有明显的方向、目标、结果等属性的"良遵从"，树立这种遵从意识，才是一个组织所应倡导的遵从的最高境界。

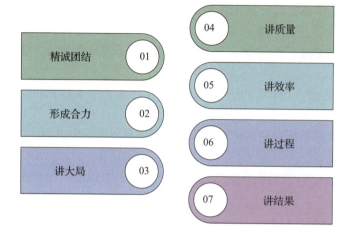

01 精诚团结
02 形成合力
03 讲大局
04 讲质量
05 讲效率
06 讲过程
07 讲结果

案例 3-1

　　M 在一家酒店工作。最近酒店请了一位咨询顾问，为企业设计了一套标准化服务流程，并制定了一套服务手册。在这位咨询顾问没有对员工进行培训的时候，M 对此很不理解，认为服务手册上的这些服务标准和规定都没有实际意义，但经过咨询顾问的培训之后，M 才发现原来这些标准和规定非常有意义。

　　例如，在服务过程中，为什么不能用左手递物？因为在一些国家，他们认为左手是不干净的，用左手递物是不尊重他们的行为。为什么清扫客房的时候抹布要折叠使用？因为这样可以保证每次擦拭用的都是干净抹面。在进行卧具整理的时候，为什么枕套的开口一侧必须与床头柜的方向相反？这是为了避免客人将物品放进枕套后忘记了。厨师为什么不能穿拖鞋进厨房？因为他需要与开水、热油打交道，穿拖鞋容易打滑，会很危险。

　　【解析】 因为这位咨询顾问是专门负责这个项目的，所以他会很详细地为员工解释每个条款为什么一定要遵从。但是，在其他工作中，是不是所有的管理者都会把原因告诉你？即便他有这个意愿，恐怕也没有这个时间。你要相信，任何一个管理者的"合法"指令，都有其原因，只不过是你不知道而已。因此，对于"合法"的指令，遵从即可。

📖 实践阶段　遵从：听从上级指令，认真完成工作

　　通过遵从，职业人可以了解到领导的意图，树立起正确认知，累积经验，提高个人工作素质，成为一个更好的职业人。一个人如果真正地理解了遵从的内涵，就能够积极投入工作，遵从上级指令，以吃苦耐劳、认真负责的态度去完成每一项工作。

听从上级指令

一、正确对待职场中的遵从

遵从是每个职业人必备的素质之一，也是一个组织或一个体系立于不败之地必须解决的第一要务。职人只有学会了遵从，勇敢地承担起应有的责任，才能不断提高自己的能力；企业只有在"以遵从为天职"的职业人的共同努力下，才能不断创造更辉煌的业绩。

企业制定的规定、做出的决策，都是经过深思熟虑的，有时甚至是经过众多经验丰富的人和专家共同商讨论证的，具有明确的指向性和目的性。遵从就是无条件地执行决策者的命令，就是不找任何借口，即刻行动起来，认真地完成上级交代的工作任务。

遵从是建立在责任的基础之上，一个有责任心的人，不用他人强迫，不用他人督促，就能自觉地地遵从上级的指令，积极地完成任务。

二、遵守国家法律法规

遵守国家法律法规是每个公民应尽的义务，也是维护社会秩序和法治环境的基础。这里我们讲的是在职场中遵守国家法律法规，实际上在任何时候都必须遵守国家法律法规。在工作中，要遵守国家的管理制度，常见的有社会保障、劳动合同、税务、工商管理等方面的法律法规。

三、遵守企业管理制度

在职场中，遵守企业规章和制度是赢得领导尊重的必要条件。企业管理制度是企业所有人员必须遵守的做事准则和工作流程。它是公司内部管理的基础，保障了公司的正常运营和发展。

遵守企业管理制度是每个员工都应该具备的基本素质，也是每个员工维护自身合法权益，进而实现自身职业追求的基础。遵守制度，说话办事才有依据、才有底气。因此，职业人应严格遵守企业管理制度，只有这样，企业才能稳健发展，员工才能获得职业成功和幸福生活。

四、学会遵从上级

职场之中，之所以会有上下级，是为了保证一个团队或组织工作的正常开展。上级更多的是从一个团队或组织的整体角度考虑问题，很难兼顾到每一个人。上级要开展工作，必须掌握一定的资源和权力。对于下级来讲，如何在资源允许的情况下，配合上级完成团队或组织的工作是首先要考虑的。

在一个团队或组织中，下级尊敬和遵从上级是确保一个团队或组织能够完成目标任务的重要条件。如果一名员工不能站在团队或组织

01 正确对待职场中的遵从
02 遵守国家法律法规
03 遵守企业管理制度
04 学会遵从上级

的高度来思考问题，而只是站在自己的角度处处找上级的麻烦，甚至恃才傲物，对上级横挑鼻子竖挑眼，不遵从管理，那么这样的员工将很难在一个团队或组织里生存，更不要谈发展了。

案例 3-2

程总，一位在高科技行业声名鹊起的创业者，他的成功并非一蹴而就，而是源于早年在一家皮革厂从事染色工作的扎实基础和不懈奋斗。在那个艰苦的环境中，他学会了如何在职场中立足，如何从一个普通的打工仔一步步成长为后来的高科技公司创始人。

程总在皮革厂工作期间展现出了与众不同的工作态度和职业素养。他深知，作为一名员工，遵从上级的命令是基本职责，更是个人成长和进步的基石。因此，无论老板安排什么任务，他都欣然接受，并全力以赴地去完成。

为了确保任务能够准确无误地完成，程总养成了一个好习惯——随身携带记录本。每当老板布置任务时，他都会认真记录，并详细询问任务的具体要求和细节。在执行任务的过程中，他更是兢兢业业，从不敷衍了事。每一次完成任务后，他都会及时总结经验教训，以便在未来的工作中更好地应对挑战。

除了踏实肯吃苦，程总还非常注重自我提升。他深知，只有不断学习、不断进步，才能在激烈的职场竞争中立于不败之地。因此，他利用业余时间自学了多种技能，包括计算机操作、外语等，这些技能为他日后的职业发展奠定了坚实的基础。

由于程总在工作中表现出色，他逐渐成为老板身边最得力的助手。随着时间的推移，他的职位也节节高升，从一名普通的打工仔晋升为高级经理人。后来，他还被公司派往东南亚地区负责业务，让他的眼界更加开阔。

在东南亚地区工作期间，程总凭借出色的工作能力和敏锐的商业嗅觉，成功带领团队开拓了多个市场，取得了骄人的业绩。这些经历不仅锻炼了他的领导能力和团队协作能力，也为他日后的创业提供了宝贵的经验和启示。

【解析】程总的职场晋升之路告诉我们，遵从命令是职场成功的基石。只有那些能够坚决遵从上级命令、认真完成任务的员工，才能在职场中脱颖而出，获得更好的发展机会。同时，自我提升和不断学习也是职场成功的关键因素。只有不断学习新知识、新技能，才能跟上时代的步伐，不断适应职场的变化和挑战。

此外，程总的成功还告诉我们，在职场中要保持谦逊。只有这样，才能在职场中建立良好的人际关系，为自己的职业发展铺平道路。

反思阶段　遵从：不盲目听从

遵从在现代社会中非常重要，它广泛存在于各种职业领域的工作中。例如，在学校中，遵从是培养学生良好品质和树立榜样的关键；在军队中，遵从是战斗力的重要组成部分；在企业中，遵从是提高工作效率和减少错误风险的基础。

职业人需要注意以下四点。

一、遵从不等于盲从

遵从是遵照、听从，而盲从则是不问是非地附和他人。我们提倡遵从，但不提倡盲从，就如同我们提倡尊重领导，但不提倡讨好领导。很多人误解了遵从，认为遵从就是去做领导所说的一切，这是把遵从简单地理解为对人的遵从。前文已经提到过，遵从不仅要对人，还要对规章和制度。也就是说，所做的事情必须符合法律、制度和道德的要求。

如果领导的指令不是从组织利益出发，而是从个人利益出发，甚至是以牺牲组织利益来满足个人利益的，那么这样的指令还要遵从吗？当然不能，因为这可能违背道德，违反规定，甚至触犯法律。

因此，对于上级的指令，下属也许不知道其原因和作用是什么，但是首先要考虑这个指令是否具有合法性，如果是非法指令，就一定不能盲从。

二、辨别遵从的合理性

有些时候，领导指令的合法性很容易辨别，但为什么你不愿意遵从？因为你可能不理解为什么要这样去做。这时，身为下属就应该具有这样的遵从意识：总有你该遵从的理由，只是你不知道。

案例 3-3

小李是一家知名科技公司的项目经理，他以出色的执行力和敏锐的判断力在团队中备受尊敬。然而，在一次项目中，小李面临了一个前所未有的挑战，那就是如何辨别并遵从合理的上级命令。

项目初期，小李的直属上级——部门经理张总，给他下达了一系列的任务指令。这些指令包括项目的时间规划、资源分配以及与客户沟通的具体策略。小李深知，作为项目经理，他的职责是确保项目按时、按质、按量完成，因此他毫不犹豫地遵从了张总的命令，并带领团队全力以赴地投入到项目中。

然而，在项目进行到中期时，小李发现了一些问题。张总的一些指令似乎与公司的整体战略方向有所偏离，而且某些决策在执行过程中遇到了较大的阻力，导致项目进度受阻。小李开始意识到，如果继续盲目遵从这些指令，可能会对项目乃至公司的长远发展造成不利影响。

面对这一困境，小李决定采取行动。他首先与张总进行了深入的交流，表达了自己对指令合理性的疑虑，并提供了详细的数据和分析来支持自己的观点。张总在听取了小李的意见后，也意识到了自己决策中的不足，并决定对部分指令进行调整。

同时，小李主动向公司的高层领导汇报了项目的情况，并请求他们给予指导和支持。高层领导在了解了情况后，对小李的敏锐洞察力和负责任的态度表示赞赏，并给予了相应的指导和支持。

最终，在小李的带领下，项目团队克服了重重困难，成功完成了项目。这次经历不仅让小李更加深刻地理解了职场中遵从上级命令的重要性，也让他学会了如何辨别并遵从合理的命令，如何在面对不合理命令时勇敢地表达自己的观点并寻求解决方案。

【解析】这个案例告诉我们，在职场中，员工应该保持对上级命令的尊重和遵从，但同时要学会辨别命令的合理性。当发现命令存在不合理之处时，应该勇敢地表达自己的观点，并寻求解决方案，以确保工作的顺利进行和公司的长远发展。

三、不理解的也要遵从

正如上面所言，很多时候你并不能完全明白遵从的理由是什么，也不清楚指令的原因是什么，会很容易产生对指令的怀疑。但想一想，很多时候你是怎样去判断问题的？你是不是往往以个人的角度去判断一个问题？由于你所处位置的高度和视野不够，因此你所能获得的信息也就没有领导的信息全面和完整。因此有些时候，对于不能理解的指令也要遵从。

四、不要总是被动遵从

假设你是一名超市的员工，当没有人的时候，你会做些什么？聊天，或是找张椅子休息一下？如果你能整理或补充一下商品，或者把购物车清空并摆放整齐，或者清洁货架等，你就将是一位非常优秀的员工。

这样的员工每个老板都喜欢，因为他不仅做了他应该做的事情，而且是一个主动参与者。这样的员工，也许不是能力最强的，但他能获得的赏识和机会一定是最多的。

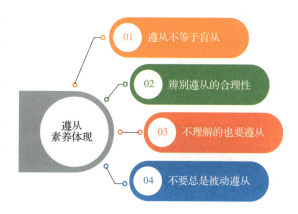

遵从素养体现
01 遵从不等于盲从
02 辨别遵从的合理性
03 不理解的也要遵从
04 不要总是被动遵从

趣味测验

1. 你正在一家餐厅用餐，服务员告诉你今天的特色菜非常受欢迎，建议你尝试一下，你会（　　）。

A. 立刻尝试特色菜，因为服务员推荐了

B. 询问特色菜的详细信息和成分，然后根据自己的口味决定是否尝试

C. 坚持点自己原本就想吃的菜，不受服务员影响

2. 你加入了一个新团队，团队中大多数人都在使用一个特定的沟通工具，你会（　　）。

A. 立刻开始使用这个工具，以融入团队

B. 先了解这个工具的优势和劣势，再决定是否使用

C. 坚持使用自己熟悉的沟通工具，不轻易改变

3. 你在一个陌生的城市迷路了，遇到了一位当地居民。他/她热情地给你指路，并建议你参观某个景点，你会（　　）。

A. 立刻按照他/她的建议前往该景点

B. 先询问其他人或查看地图，确认建议的准确性

C. 保持警惕，不轻易相信陌生人的建议，自己寻找路线

4. 你正在准备一场重要的演讲，你的导师建议你调整 PPT 的某些部分，你会（　　　）。

A. 立刻按照导师的建议进行修改，因为导师是专家

B. 与导师讨论修改的原因和目的，然后根据讨论结果决定是否修改

C. 坚持自己的设计思路，不轻易改变 PPT 的结构和内容

5. 你正在购买一件昂贵的电子产品，销售人员极力推荐一款他认为最适合你的产品，你会（　　　）。

A. 立刻购买他推荐的产品，因为销售人员应该了解产品

B. 询问其他顾客的意见，查看产品评价，再做出决定

C. 根据自己的需求和预算，选择最适合自己的产品，不受销售人员影响

结果分析：

A 选项较多：你可能是一个容易遵从他人意见的人，倾向于相信他人的建议和推荐。你善于融入新环境，但也可能在决策过程中缺乏独立思考。

B 选项较多：你是一个理性且谨慎的人，会在做出决定前仔细权衡利弊。你善于倾听他人的意见，但也会保持自己的判断力和独立的思考能力。

C 选项较多：你可能是一个固执己见的人，不太容易受到他人的影响。你坚持自己的原则和价值观，但也可能在团队合作中显得过于独立和难以妥协。

这只是一个趣味性的自我评估工具，每个人的性格和行为方式都是复杂多样的。在实际生活中，我们需要根据具体情况灵活应对，既要保持独立思考，也要善于倾听他人的意见。

📖 提升阶段 遵从：向上管理的能力

作为一名优秀的职业人，应深入了解遵从的一个内涵——向上管理，从而获得个人职业生涯的成功。

一、懂上级，获得上级的信任

1.懂上级

要想做到"懂上级"，就要从两个方面去努力：一是领会上级的意图，二是理解上级的压力。要想领会上级的意图就要与上级多交流（如请示、汇报、求助等），熟悉上级的决策方式。要想理解上级的压力，就要知道上级的难处和关注，急上级之所急，想上级之所想。

案例 3-4

机会

A 在合资公司工作，觉得自己满腔抱负没有得到上级的赏识，经常想：如果有一天能

见到老总，有机会展示一下自己的才干就好了！！

A 的同事 B，也有同样的想法，他经常去打听老总上下班的时间，算好他大概会在何时进电梯，他也在这个时候去坐电梯，希望能遇到老总打个招呼。

他们的同事 C 更进一步。他详细了解老总的奋斗历程，弄清了老总毕业的学校、人际风格、关心的问题，精心设计了几句简单却有分量的开场白，在算好的时间去乘坐电梯，跟老总打过几次招呼后，终于有一天跟老总长谈了一次，不久就争取到了更好的职位。

【解析】愚者错失机会，智者善抓机会，成功者创造机会。要懂上级，职业人需要知道上级是一个什么样的人，如喜欢什么，厌恶什么，做事的态度、方式方法是怎样的，等等。机会只给准备好的人，这"准备"二字，并非说说而已。

2. 获得上级的信任

要获得上级的信任，可以通过以下几种方式实现：

（1）了解并尊重上级的工作风格。每个人都有自己的工作习惯和风格，了解并尊重上级的工作风格是建立互信的第一步。这包括了解他们的沟通方式、决策过程和期望的成果。

（2）明确工作目标和期望。明确上级的工作目标和期望，确保双方对任务的理解一致，这样可以避免在执行过程中出现误解或偏差。

（3）及时、准确地进行交流。有效的交流是建立互信的关键。无论工作进展顺利还是遇到困难，都应及时、准确地与上级分享信息，让上级了解工作动态。

（4）展现专业能力和责任心。通过高质量的工作表现和积极主动的态度，展现出自己的专业能力和责任心，这样上级会更加信任你，放心地将重要任务交给你。

（5）诚实守信。在与上级的交往中，应始终保持诚实守信。即使面对困难或错误，也要坦诚地与上级沟通，共同解决问题。

（6）主动承担责任。在工作中难免会遇到各种问题，面对问题时，应主动承担责任，积极寻找解决方案，不推卸责任或逃避问题。

（7）接受反馈并持续改进。与上级保持良好的反馈机制，接受他们的指导和建议，通过持续改进，提高自己的工作能力，赢得上级的信任。

（8）关心团队和公司的发展。不仅要关注自己的工作，还要关心团队和公司的发展。表现出对公司和团队的忠诚和关心，这会让你在上级心目中的地位更加重要。

（9）灵活适应。在职场中，有时需要我们放下个人立场，以公司和团队的整体利益为重。灵活适应，不固执己见，有助于与上级建立互信关系。

（10）定期回顾与总结。定期与上级进行工作回顾与总结，了解自己的优点和不足。在此基础上，制订个人成长计划，不断提升自己的能力和价值。

总之，与上级建立互信需要时间、耐心和努力。通过上述方法，可以有效地增进与上级之间的关系，获得上级的信任，从而提高工作效率和团队的整体绩效。

二、把握遵从的内涵——向上管理

遵从的一个内涵就是向上管理。向上管理具体要管理什么？有三个方面非常重要，即上级的痛点、上级的情绪、上级的预期。要想做好向上管理，在与上级沟通时，要把握四项原则，运用四个技巧，注意五个方面。

1. 把握四项原则

（1）保持职业化和专业性。什么是职业化？你的表现符合上级对你的角色期待。为什么需要专业性？专业性是胜任工作的基本保障。通常，你越专业，上级对你的依赖就越强，你的职位就越稳定。

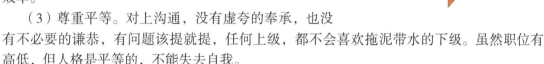

（2）心态要正。下级的心态要阳光，充满正能量。你的主动，会推动上级的工作，甚至会提高整个团队的效率。

（3）尊重平等。对上沟通，没有虚夸的奉承，也没有不必要的谦恭，有问题该提就提，任何上级，都不会喜欢拖泥带水的下级。虽然职位有高低，但人格是平等的，不能失去自我。

（4）及时复命。及时向上级报告工作进展，以利于上级决策。何为及时，频率视上级关切程度而定，上级越关切，汇报越要及时。

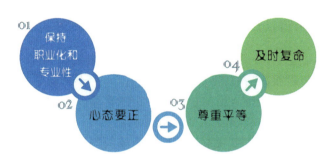

2. 运用四个技巧

（1）了解上级需求。上级最关注什么？他一贯的价值主张是什么？这些都是对上沟通时必须了解的。站在上级的角度看待自己的工作，是对上沟通的起点。在某种程度上，我们甚至可以把上级当成客户。

（2）辅助上级决策。让上级做选择题，别做填空题，最好也别做判断题。让上级做选择题，就是制定多个方案并排序，请上级决策。

（3）超出上级期望。始终以高标准要求自己，超出上级的预期完成工作，是职业快速发展的有效途径。

（4）提供最新信息。及时提供给上级决策所需的信息，同时，养成主动收集行业信息的习惯，整理编辑并与同事共享。

3. 注意五个方面

（1）与上级产生分歧时，不正面交锋，而是迂回沟通，讲策略和技巧。

（2）感觉委屈时，心胸开阔些，既往不咎，跟上级不要脾气。被上级批评，尤其在付出了很多努力之后，难免心情郁闷，但是不要发火，否则容易激化矛盾。

（3）做出成绩时，要居功不傲，衷心感谢上级的支持与帮助。有时候，下级感觉上级并没有提供什么实质性的帮助，所以就认为成绩只是自己努力的结果，这恰恰是情商低的表现。

（4）遭受误解时，态度上示弱，收敛锋芒，主动与上级沟通。主动沟通要注意时效性，也就是有了误解要尽快化解。

（5）请求上级帮助时，不强上级所难，要提合理要求。上级掌握的资源和权力都是有限的，要站在上级的角度审视自己的诉求。

总之，作为一名优秀的职业人，不仅要管理好自己，培养遵从这一职业素养，而且要向上管理，严格遵从领导和组织的安排，这样将在职场道路上走得更远更好。

📖 拓展阶段 遵从：每个职业人应具备的重要品质

职场如同战场，人在战场上不遵守规则会丢失生命，职场上不遵守规则就会失去工作。在职场中，遵从是每个职业人都应该具备的重要品质，它不仅塑造了职业人的职业形象，更深刻地影响着组织的文化氛围。因此，员工和组织都需要遵循一定的准则和行为规范，以确保遵守职业道德，维护组织声誉，并保护整体利益。

作为一名优秀的职业人，其遵从素养体现在职场的哪些方面呢？

一、遵从是做人的基本准则

"没有规矩，不成方圆。"规矩是社会运行的基础，也是做人的基本准则。做到遵从首先要做到遵守规矩。守规矩是做人的基本要求，也是社会文明的体现；守规矩不仅是对他人的尊重，也是对自己负责的一种态度。我们应从自身做起，从小事做起，养成遵守规矩的良好习惯。只有这样，我们才能与他人和谐相处，共同构建一个良好的社会秩序。

例如，在公共场合，我们应该遵守交通规则，维护公共秩序；在工作中，我们应该遵守公司制度，完成本职工作；在生活中，我们应该遵守道德规范，做一个有道德、有素质的人。

二、遵从能够获得更多的机遇和成功

学会遵从的人，往往会给领导留下可靠、诚信的印象，从而获得领导的信任，获得更

多的机遇和成功。

遵从是一种智慧，也是一种安全保障。例如，在生活中，学会遵规守法，可以规避风险，避免给自己和他人带来麻烦，减少不必要的损失。具备遵从的良好素养，更容易结交到真心的朋友，能让我们获得更多人的信任和支持。

 案例 3-5

李小姐，市场部的一名普通职员，以其对工作的严谨态度和对上级指示的忠实遵从，在职场上逐步展现出非凡的潜力。她深知，在职场的广阔舞台上，个人的每一步行动都可能成为决定未来走向的关键。因此，她始终秉持着"遵从为先，创新为辅"的职业理念，不断在细节中寻求突破，最终在遵从的道路上赢得了更多的机遇。

在一次筹备公司年度盛会的任务中，面对烦琐的筹备工作，李小姐不仅严格按照上级的指示行事，还主动思考如何在遵从指令的同时，优化工作流程，提升效率。例如，在嘉宾邀请环节，她不仅确保了每位嘉宾的准确邀请，还根据嘉宾的偏好和日程，精心安排了个性化的接待方案，这一举动不仅赢得了嘉宾的好评，也让上级对她的专业性和细心程度刮目相看。

【解析】李小姐的职场经历告诉我们，遵从上级指示并不意味着机械执行，而是在理解的基础上，以高度的责任心去完成任务。我们可以在遵从的道路上发现更多的可能性，从而赢得更多的机遇。

因此，无论身处何种职位，我们都应该学会在遵从中找到自己的定位，以更加开放和包容的心态，迎接职场中的每一个挑战和机遇。

三、遵从是一种竞争力

职场是一个没有硝烟的战场，遵从是行动的第一步，有遵从才谈得上执行和结果，有遵从才能造就一支高效率、富有战斗力和竞争力的队伍。遵从是重要的企业文化，它应是一个支撑系统，融入企业的各个层面。遵从，不是一种束缚，而是一种智慧和选择。让我们从现在开始，学会遵守规矩。人生是一场长跑，只有遵守规矩，才能跑得更远、更稳。让我们一起努力，做一个遵守规矩的人，共同创造一个更加美好的社会。

素养加油站

培养遵从意识与习惯的重要性

培养遵从意识与习惯的重要性体现在多个层面，无论是个人发展、社会和谐，还是文化传承与国际交流，都离不开这一基本素质的培养。

1.个人发展与自我实现

（1）形成稳定的价值观。遵从意识与习惯的培养有助于个体形成稳定的价值观和行为模式。通过长期的遵从实践，个体能够逐渐明确自己的道德标准和行为准则，从而在面对各种选择时能够做出更为明智和负责任的决策。

（2）提升自我管理能力。遵从意味着个体能够自我约束和自我管理，这对于提升个人的自律性和责任感至关重要。一个具有良好遵从意识的个体，能够更有效地管理自己的时间和资源，实现个人目标和愿景。

（3）促进个人成长。在遵从的过程中，个体不断学习和适应新的规则和要求，这有助于提升个人的适应能力和学习能力。同时，遵从为个体提供了更多的学习和成长机会，使其能够在实践中不断积累经验，提升自我。

2.社会和谐与稳定

（1）维护社会秩序。遵从是社会有序和稳定的重要保障。当个体都能够遵从社会规则和法律法规时，社会将呈现出一种有序、和谐的状态。这种状态有助于减少冲突和矛盾，提升社会的整体幸福感和安全感。

（2）促进人际和谐。遵从意识与习惯的培养有助于个体在人际交往中更加尊重和理解他人。当个体都能够遵从社会礼仪和道德规范时，人际关系将更加融洽，社会氛围将更加和谐。

（3）增强社会凝聚力。遵从能够增强个体对社会的认同感和归属感，从而提升社会的凝聚力。一个凝聚力强的社会，能够更好地应对各种挑战和危机，实现可持续发展。

3.文化传承与国际交流

（1）传承优秀文化。遵从是文化传承的重要基础。通过遵从传统文化和习俗，个体能够更深入地了解和体验文化的精髓，从而有助于文化的传承和发展。

（2）促进国际交流。在全球化背景下，遵从国际规则和惯例对于国际交流至关重要。一个具有遵从意识的个体，能够更好地适应国际环境，与国际友人建立良好的关系，促进国际合作与交流。

（3）提升国际形象。个体的遵从行为不仅代表个人素质，也反映了所在国家和民族的形象。通过培养遵从意识与习惯，个体能够展现出良好的国际形象，提升国家的软实力和国际地位。

综上所述，培养遵从意识与习惯对于个人发展、社会和谐、文化传承与国际交流都具有重要意义。因此，我们应该培养遵从意识与习惯，为未来的成长和发展奠定坚实的基础。

 实训小课堂

【实训目标】

知识目标：

1.了解遵从及其在职场中的重要性。

2.熟悉职场规则。

能力目标：

1.能够遵守企业管理制度。

2.能够全力以赴工作。

素质目标：

1.树立正确的遵从意识。

2.培养自我意识的高度遵从。

【实训案例】

刘丽：在劳动岗位上实现人生梦想

刘丽是黑龙江大庆油田第二采油厂第六作业区采油48队采油工班长。扎根采油一线28年间，刘丽研制创新成果200余项，用勤奋与韧劲解决了一个个生产难题，她带领刘丽工作室全体成员取得技术革新成果1048项，加工推广技术革新成果2344项，创造经济效益1.2亿元。"我和我的团队始终以'铁人'为榜样，辛勤劳动、诚实劳动，革新创新，努力为油田干一辈子，让每个人都能在劳动岗位上实现人生梦想。"刘丽说。

刘丽的故事

1993年，刘丽以第一名的成绩从技校毕业，当上了石油工人。"干工作一定要干出样来，差不多不行，必须万无一失。"刘丽把父亲的话记在心里，更落实在行动上。她以井为家，整天工作在井场；勤学采油知识，解决井上难题；参加业务培训，积极备战技能大赛。

随着对生产工作的深入了解，刘丽开始把解决生产难题作为自己的攻关课题。为了解决抽油机光杆易腐蚀导致盘根漏油严重的问题，她每天上井观察、记录，查找资料、设计图纸、反复琢磨。她几乎跑遍了大庆市所有的五金商店，终于找到了一种尼龙棒，经过自己切割、加工之后，制作出了合适的密封圈，最终研制出"上下可调式盘根盒"。

2011年8月，以刘丽名字命名的刘丽工作室成立，最初只有两名成员，致力解难题、服务油田生产是工作室的初衷。在刘丽的带领下，工作室实施"研、产、用"一体化创新管理模式，现已发展壮大到涵盖采油、集输等35个工种，拥有531名成员的集人才培养、难题攻关、技术革新、成果转化等功能于一体的创新创效联盟。

大庆油田第二采油厂第六作业区采油48队采油工赵海涛说："刘丽是我的师傅，她肯干、好学，用劳动实现梦想，用奋斗铸就辉煌，是我们学习的榜样。"

讨论与思考：

1.从遵从的角度解析案例中劳模人物刘丽的职业素养。

2.请结合自身情况，说一说你对职场中关于遵从这一职业素养的理解。

【实训方法】

1.结合案例资料，完成讨论与思考。

2.结合案例资料，围绕自己感触最为深刻的一点，阐述你的观点和建议。

【任务评价】

结合实训目标，认真完成实训任务，然后结合个人自身情况，谈谈自己在各阶段关于职场服从的表现；最后结合自评或他评进行评分。

评分标准：1分＝很不满意，2分＝不满意，3分＝一般，4分＝满意，5分＝很满意。

阶段	任务	个人表现	评分
学习阶段	遵从是一种美德，遵从是一种素质，遵从是一种价值观的表现，遵从是下属对上级的认同感和尊重的表现形式，遵从是领导能力的基本表现形式；遵从是每个人应具备的品质和意识，树立遵从意识是成为优秀职业人的第一步，因此社会中的每一个个体都要具有遵从意识		
实践阶段	通过遵从，职业人可以了解到领导的意图，树立起正确认知；遵守国家法律法规，遵守企业管理制度，学会遵从上级，累积经验，提高个人工作素质，成为一个更好的人		
反思阶段	遵从意识在现代社会中非常重要，它广泛存在于各种职业领域的工作中。关于遵从，职业人需要注意四点：不盲从、辨别合理性、不理解的也要遵从、不被动遵从		
提升阶段	遵从是一种职业素养，作为一名优秀的职业人，应学会向上管理		
拓展阶段	遵从反映了人们的责任感和道德标准，在某些情况下，它可以保护我们和他人的利益，促进社会和谐。职业人必须遵职场原则，才能在职场更好地生存和发展，才能走得更远		

【实训要求与总结】

1. 完成实训任务与评估。

2. 通过实训小课堂，在理论知识和职业技能方面都获得提升，从而具备职业人的良好职业素养，为实现职场成功做好准备。

思 考 题

1. 什么是遵从？

2. 为什么说职场迈向成功的首要条件是学会遵从？

3. 如何树牢遵从意识？

4. 职业人应遵从哪些职场规则？（至少列出3条）

5. 简述遵守企业规章制度的重要性。

职业信条四：勤奋

——成功的密码，通往胜利的桥梁

勤奋就是成功之母。

——茅以升

聪明出于勤奋，天才在于积累。

——华罗庚

勤奋

人生在勤，不索何获。

📖 学习阶段　勤奋：成功的基石

勤奋工作是职业人得到机会的前提，也是职业人不断学习、锻炼以及充实自我的有效途径。通过勤奋努力，我们可以实现自己的目标，提高个人素质和职业能力。

一、勤奋是事业成功的决定因素

一个人，想要获得成功，勤奋是决定因素。离开了勤奋，无论你具备多少资本，都不可能获得真正的成功。"人勤则达，家勤则发"，不管你是一穷二白、一无所有的穷光蛋，还是出身富裕、资源众多的富二代，都决定不了你最终是成功还是失败，关键还是看你在做事时能否做到"勤奋"二字，在足够勤奋的基础上，再发挥能力、人脉、才智、机遇等因素，才是一条成功的必经之路。

💡 **案例 4-1**

大学毕业，踌躇满志的袁隆平远离了繁华的都市，选择了偏远的湘西农村——在农校当了一名教师。

在农校教书的日子里，他利用课余时间走出课堂，走向田埂。烈日当空，农民在榕树下歇息，袁隆平依然头顶烈日，在田里劳作。

偶然的机会，他发现一株"鹤立鸡群"的稻株，由此灵感一现，萌生了培育杂交水稻的念头。然而，袁隆平的设想与传统的经典遗传学观点相悖，许多权威学者认为他是蚍蜉撼树，周围充斥着反对声甚至嘲笑声。但他在反复思考、探索之后，更加坚信自己的想法。

为了找到意想中的稻株，他吃了早饭就下田，带着水壶与馒头，一直到下午4点左右才回。艰苦的条件和不规律的饮食，让他患上了肠胃病。六七月份的天气，他每天都手拿放大镜，一垄垄、一行行、一穗穗，大海捞针般在几千几万的稻穗中寻找，汗水在背上结成盐霜，皮肤被晒得黑里透亮，连常年扎在水田里的农民都自叹不如。

正是凭着这种勤奋、坚韧不拔、勇敢顽强的意志，在勘察了14万余株稻穗后，经过两年的探索、试验和研究，袁隆平终于写成引起国内外科技界高度重视的"惊世"论文——《水稻的雄性不孕性》。从此，"杂交水稻"这四个字伴随了袁隆平的一生，成为他毕生不懈追求的事业。

正如卡耐基所言："一个人的成功，只有15%归结于他的专业知识。还有85%归于他表达思想、领导他人及唤起他人热情的能力。"古人说"天道酬勤""一勤天下无难事"。我们则说"人若勤奋，必有收获"。勤奋不一定能让你获得最大的成功，但绝不会让你走向失败。

二、与时间赛跑，勤奋助你成就事业

对于想要获得成功的人来讲，勤奋意味着珍惜时间。而我们所说的勤奋，指的是勤于学习、勤于思考、勤于探索、勤于实践、勤于总结。在竞争激烈的现代社会，只有与时间赛跑，孜孜不倦，勤奋努力，才能让你领先他人一步，使你始终立于不败之地。

三、勤奋必须坚持，坚持越久，收获越大

河蚌忍受了沙粒的磨砺，坚持不懈，终于孕育绝美的珍珠；顽铁忍受了烈火的赤炼，坚持不懈，终于练就锋利的宝剑。一切豪言与壮语皆是虚幻，唯有坚持的信念才是走向成功的基石。只有勤奋不停，才会不断提升。"三天打鱼，两天晒网"，绝对不是真正的勤奋，也不会有什么太大的收获。只有那些持之以恒、坚持不懈的人，才能有最大的收获。

窗外的小雨连绵地下着，敲打着坚硬的地面，大自然仿佛有个神秘声音在问我：成功需要什么？

坚持，我答。

成功并不是一个时间的必然，而在于我们能否将勤奋持之以恒。短期的专注投入对于我们的人生而言如同风过水面，留不下任何痕迹，只是在浪费精力；只有持之以恒的努力，才能够使我们跨越一个又一个标杆，引领我们向心中理想快步迈进。

四、奋斗不止，平凡人也能成大业

我们都知道"笨鸟先飞"这个成语，其背后的道理就是，勤奋足以让一个平凡普通的人脱颖而出，只要你能付出超越常人的勤奋。那么，即使你是一个平凡之辈，也照样能成就让他人羡慕不已的大业，获得巨大的成功。在现实生活中，为什么那些起点不如你、资本不如你的人，却能比你更成功呢？一个最重要的原因就是人家比你更勤奋。

成功靠什么？关于这个问题，不同的人会给出不同的答案，或是能力，或是人脉，或是机遇，有的人还会说是背景、运气，但不管是谁，相信都不会否定勤奋在获得成功中的重要性。

五、足够勤奋，能弥补智慧上的不足

智慧与勤奋是决定人生能否成功的两个重要因素，智慧是先天的，勤奋是后天的。一个人，有智慧没有勤奋，难以成功；一个人，智慧不足，但足够勤奋的话，却未必不能成功，因为勤奋足以弥补智慧上的不足。在通往成功的道路上，勤奋从来不等于一味苦干蛮干。如果说勤奋是我们为自己注入的源源动力，那么智慧就是我们前行车轮的润滑剂。因此，在积极、勤奋的同时，我们的大脑也需要积极地参与进来，寻找更高效、更优质的方法。

勤奋是点燃智慧的火把。一个人的知识多寡，取决于勤奋的程度。

六、在勤奋的汗水中才能收获真正的幸福

一个懒惰不想行动的人，即使命运赋予他再多的天赋和机遇，他那无力的双手也终究难以把握，当然，更不要指望能够创造出精彩人生。懒惰者，永远不会在事业上有所建树。唯有勤奋者，才能在无垠的知识海洋里获取到真才实学，才能不断地开拓知识领域，获得知识的酬报，收获真正的幸福。

高尔基说过："天才出于勤奋。"卡莱尔也说过："天才就是无止境刻苦勤奋的能力。"只要不怠于勤，善求于勤，我们就一定能在艰苦的劳动中取得事业上的巨大成就。渴望能得到真知灼见的人，是一定能够体会到"勤"的深刻含义的。只有在勤奋的汗水中，才能收获真正的幸福。

总之，没有勤奋，就没有取得成功的动力。勤奋是一个人一生向前迈步的马达，马达越足，获得的成就也就越大。要想朝着人生的顶峰迈步，就不要让勤奋的马达停止。

知识拓展

勤奋的事例

勤奋是一种积极的生活态度和工作行为，能够帮助我们实现目标，提高个人素质和职业能力。下面列举24个勤奋事例。

序号	勤奋事例	说明
1	早起	早起有助于提高人的认知和注意力，也能提高工作效率和生活质量
2	制订计划	有一个明确的计划能够帮助你更好地安排时间和任务，提高工作效率
3	专注工作	专注工作意味着将更多的注意力和时间集中在工作任务上，避免分散注意力
4	学习新知识	勤奋地学习新知识可以提升个人能力，提高竞争力
5	练习技能	持续地练习技能可以提高技能水平，为个人职业发展打下基础
6	阅读书籍	阅读书籍可以丰富知识，提升思维能力和表达能力
7	解决问题	解决问题意味着面对困难时不退缩，积极寻找解决方案
8	保持积极态度	保持积极态度可以提高工作效率和生活质量
9	养成健康的生活习惯	养成健康的生活习惯，如定期锻炼、良好的饮食习惯等
10	与他人合作	与他人合作，可以互相学习、互相帮助，实现共同目标
11	坚持锻炼	坚持锻炼身体，可以提高身体素质和抵抗力
12	持续学习	持续学习新知识和新技能，可以适应不断变化的社会和工作环境
13	接受挑战	接受挑战，可以锻炼个人能力，提高解决问题的能力
14	节约时间	节约时间，有效利用每一分、每一秒，提高工作效率
15	主动思考	主动思考问题，积极提出解决方案
16	做精细工作	做好每一个细节工作，提高工作质量和效率
17	掌握时间管理	掌握时间管理技巧，合理规划时间，避免拖延和浪费时间
18	学会调整	学会适应和调整，面对变化时能够及时调整自己的思路和行动
19	建立良好的人际关系	与他人建立良好的人际关系可以获得更多的机会和资源
20	反思总结	反思总结工作经验，发现问题、总结经验，不断提高自己
21	锻炼耐心	锻炼耐心，能够更好地面对困难和挫折，不轻易放弃
22	坚持追求目标	坚持追求自己的目标，不断努力，不断提高自己
23	有计划地休息	工作之余，合理安排休息时间，保持身心健康
24	勇于尝试新事物	勇于尝试新事物，敢于冒险，不断涉猎新的领域，提升能力

📖 实践阶段 勤奋：长期持续的过程

勤奋的关键是于坚持，并逐渐建立起适合自己的工作和学习的习惯，它是一个长期而持续的过程，以下是一些方法和建议。

一、设定明确的目标

制定具体、可量化的目标，并将其分解为多个子目标，这样做有助于你更清楚地知道需要付出多少努力和时间来实现目标。

二、制订计划并坚持执行

制订计划，将任务分配到特定的时间段，并严格按照计划执行。遵循时间管理规则，合理安排工作和休息时间，充分利用每一天的时间。

三、培养自律性

自律是培养勤奋精神的关键。通过训练养成良好的习惯和规律，如早起、按时完成任务、保持专注等，逐渐培养自律的能力。

四、克服拖延心理

拖延是勤奋的敌人。应意识到拖延的危害，并采取措施克服它，如设定截止日期、分解任务、使用时间管理工具等。

💡 **案例 4-2**

李明是一家 IT 公司的项目经理，负责多个项目的规划和执行。由于工作压力大、任务繁重，他逐渐养成了拖延的习惯。经常是临近项目截止日期才开始加班加点地赶工，这不仅影响了他的工作质量，也给团队成员带来了不必要的压力，甚至影响了项目的整体进度和客户满意度。于是李明采取了以下一些措施来解决自己拖延的问题。

（1）李明开始使用任务管理工具来列出所有任务，并根据紧急程度和重要性对任务进行排序。他设定了短期和长期目标，确保每个项目都有明确的时间表。

（2）对于大型或复杂的任务，李明学会将其分解成更小、更易于管理的子任务。这有助于他逐步推进工作，避免一开始就因任务庞大而感到畏难。

（3）李明为每项任务设定了具体的时间限制，并尝试在规定时间内完成。为自己设立奖励机制，如完成一项重要任务后享受一段休息时间或购买心仪的物品，以此激励自己。

（4）李明调整了自己的工作习惯，每天固定时间开始工作。他学会了利用"番茄工作法"等时间管理技巧，提高工作效率。

（5）李明定期与团队成员沟通项目进展，寻求他们的反馈和建议。当遇到难题时，李明不再拖延，而是及时向上级或同事求助。

（6）李明意识到拖延往往源于恐惧或逃避心理，他开始通过冥想、阅读励志书籍等方式培养自律和积极的心态。他学会了正面应对挑战，将拖延视为成长的机会而非障碍。

经过几个月的努力，李明的拖延习惯得到了显著改善。他不仅能够按时完成项目，还能提前规划，为团队预留出更多的缓冲时间以应对突发情况。他的工作效率和质量都得到了提升，团队成员对他的信任度和满意度也大幅增加。此外，李明的职业发展也受益匪浅，他因出色的表现获得了晋升的机会。

五、增强动力与激励

找到内在的动力和激励因素，如实现个人目标、追求梦想、获得成就感等，明晰为何要努力工作和学习。同时，建立奖励机制，通过给自己小小的奖励或者与他人分享自己的成就来增强动力。

六、培养专注力

集中注意力并避免分散注意力是勤奋的前提。通过减少干扰因素、创造良好的学习和工作环境、采用专注训练技巧等方式，提高自己的专注能力。

七、保持积极态度

保持积极的态度对于培养勤奋精神至关重要。面对挑战和困难时，保持乐观和坚韧，相信自己的能力和潜力。

八、学会平衡和休息

勤奋不代表不停地工作，合理安排休息时间同样重要。职业人应学会平衡工作与生活，确保身心健康，这样才能更好地投入工作。

📖 **反思阶段** 勤奋：单有勤奋是远远不够的

职场中，勤勤恳恳并不总是换来赏识与提升。这不禁会让人思考，为什么企业在裁员时，往往牺牲的是那些默默无闻、勤奋工作的人？是的，这听起来很不公平，甚至有些残酷，但它却是一种真实的职场现象，值得我们深入探讨。然而，这就是职场的残酷现实。这样的例子并不鲜见，许多人都有类似的经历。

一、勤奋不是职场唯一的出路

我们常常认为，只要我们勤勤恳恳，就能被看见，但事实往往与想象相悖。毕竟，职场不是一个简单的"努力＝成功"的公式，它更复杂、更微妙。然而，这并不意味着勤奋是没有价值的。我们不仅要意识到，能被看见的努力才是真正的金子，还要学会展示自己的工作，让领导和同事都能看到自己的价值。

勤奋是一种美德，但它不能成为职场中唯一的竞争力。职场这块磨砺人心的大石板，总是充满了让人措手不及的惊喜和挑战。

裁员，无疑是一场职场的暴风雨，让人心生畏惧。那么，为何那些勤勤恳恳的人，往往成为裁员名单的常客呢？

在解开这个谜团之前，我们需要明白一个铁的事实——职场不是简单的付出与回报的直线关系。或许你曾经以为，只要自己默默耕耘，就能等到收获的季节，但现实却常常打脸，让人痛不欲生。那些被裁的勤劳者，或许正是这种理念的牺牲品。

1.职场是一个复杂的生态系统

职场中，如果你像隐形人一样工作，即使你再努力，又有谁知道呢？这是很多勤劳者没能领悟的一课。他们认为，只要埋头苦干，总有一天会被看见。但真相是，如果你不学会包装自己，不学会让自己的努力被人看见，那么你的付出很可能就是一场空。

职场就像一片森林，弱肉强食，适者生存。

2.职场中的"自我营销"

"自我营销"，即展示自己，是一种必备的生存技能。你需要让别人知道，你不仅仅是个勤劳的工作者，更是个有想法、有见解的人。这时候，你的"自我营销"就显得尤为重要。我们看到的那些被裁员的勤奋者，他们的问题在于他们没有意识到职场是一个需要展示自己的舞台。

你要怎么展示自己？有效地沟通、恰当地展现成果、积极地参与决策，这些都是展示自我的好方法。

3.职场中不能忽视的人际关系和"政治"

这里的"政治"，并不是指那种钩心斗角的小聪明，而是指在复杂的组织结构中，如何有效地与他人合作，如何巧妙地处理人际关系。一个人再勤奋，如果不懂得与人为善，不懂得团队协作，那么他的职场之路也是相当艰难的。那些勤勤恳恳的人，很可能忽视了这一点，结果在裁员潮中成为裁员名单的常客。

综上所述，我们必须认识到，职场不是一个简单的仅凭努力就能成功的地方。

职业人不能仅仅满足于当前的工作状态，而应该不断提升自己的能力，扩展自己的人脉，提高自己的"能见度"，从而在职场中获得更多的机会，在不断变化的职场环境中找到自己的位置。

01 职场是一个复杂的生态系统

02 职场中的"自我营销"

03 职场中不能忽视的人际关系和"政治"

二、职场需要有思考的勤奋

一个人如果只有勤奋而没有思考，那么，他迟早会被"勤奋"禁锢了思考能力，于是勤奋就变成了"瞎忙"。肢体勤奋，从一个人的工作时间、效率就可以看得出，其重要性无须多言，因为事业道路艰辛，四体不勤的人不可能有所作为。但是现实职场中，很多人往往会忽略思维上的勤奋，并拼命靠肢体上的勤奋来弥补。举个例子，凡在同一件事情上犯两次以上错误的人，以及有拖延症的人，都是典型的思维懒惰的人。

 案例 4-3

彭菲：用算法攻克 99.9% 精度

上班、刷脸、打卡，转瞬即成，人脸识别只需 0.1 秒，误判率仅为百万分之一。为了这极致的便捷，汉王科技有限公司高级工程师彭菲用了整整 13 年。

2010 年，走出清华校门的彭菲开始了对生物特征识别领域的探索，但却面临国产芯片的速度无法满足高强度算力需求的难题。2020 年 2 月，彭菲和团队终于在国内首批推出解决口罩难题的深度学习人脸识别算法，速度达到毫秒级，人脸识别准确率超过 99.99%。

彭菲的故事

十多年来，彭菲先后从事人脸识别、生物特征识别、智能视频分析、多模态大模型等多项人工智能算法的研发和创新工作，获发明专利授权 17 项。其研究成果和应用覆盖安防、教育、办公、政法、金融等多个领域，创造了近 10 亿元的经济效益和良好的社会价值，先后获得北京市"首都劳动奖章"称号、全国五一劳动奖章等。

1. 深思熟虑

很多人决策时会轻信未经证实的信息，忽略有矛盾的逻辑关系，最终导致结论错误。因此，我们在做决策时，要把事情想透彻，就是抓住事情的本质。进行逻辑缜密的思考前需要做充分的准备，掌握足够的基础信息（包括额外学习知识来构建必需的理论基础），梳理出清晰的脉络，不断推敲每个层次之间的逻辑关系然后得出正确结论。

2. 追根究底

问题出现后，不仅要解决问题，还要追究问题出现的原因，如现行的制度、方法和逻辑哪里出现了漏洞，并设立相应的防范机制，避免同样的问题再次出现，以及可能导致的其他问题的出现。

3. 兼容并包

当别人提出反对意见或挑战时，你是否不假思索地反驳？或者你已经学会了谦卑的姿态，习惯性地接受或忽略？

我们应尝试打破自己的逻辑框架，尝试用对方的逻辑框架来思考，分析其意见的合理和矛盾之处。

4. 独立思考

对"权威信息"不加甄别地采纳，放任自己的思维被引导，这是非常危险的。独立思考可以最大限度地减少迷茫。

5. 有格局观

人们常说，要做正确的事，而不是把事情做正确，就是强调要有格局观。

格局是从眼前的事情跳出来，把时间和空间的坐标轴拉长，从历史的角度、全局的范围来分析问题，思考对整个局势会产生什么样的影响。

6. 与时俱进

如果你觉得自己不够创新，或者别人觉得你不够创新，那么你就是在固守旧习。我们应做到与时俱进。

7. 拥有好奇心

好奇心是职业生涯成功的关键。一个拥有好奇心的人能够发现问题并解决问题，同时不惮于尝试新的事物。任何想要取得事业成功的人都必须拥有好奇心。

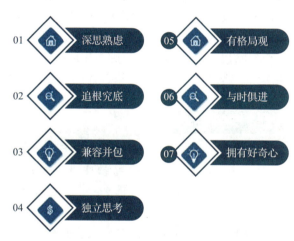

01 深思熟虑　05 有格局观
02 追根究底　06 与时俱进
03 兼容并包　07 拥有好奇心
04 独立思考

三、职场需要有效率的勤奋

对于职场人而言，效率与勤奋是两种不可或缺的品质。然而，仅仅努力并不足以在职场中取得成功。我们需要的不仅是勤奋，更是有效率的勤奋。有效率的勤奋是一种态度和价值观的体现。它表明我们对工作认真负责，对生活充满热情和追求。要想在职场上进行有效率的勤奋，需要注意以下几个方面。

1. 明确目标

有效率的勤奋要明确自己的目标和优先级。在工作中，经常会遇到各种紧急任务和琐碎的事情，如果不分主次地平均分配时间和精力，往往会事倍功半。因此，我们要根据任务的重要性和紧急性进行分类，优先处理那些对工作成果影响最大的任务。关注点越多（小目标），越细致，注意力就越集中，效率提升的效果就越明显。

2. 极度专注

有效率的勤奋要学会集中注意力。在工作中，很容易受到各种干扰和诱惑，导致注意力分散。要想提高工作效率，必须学会排除干扰，专注于当前任务，确保思路不被打断。

当我们专注做事时，前额叶皮层会自动沿着神经通路传递信号，这些信号会奔向与我们思考内容相关的各个脑区，将它们连起来。精力越集中，则感知越细微。

3. 合理规划

有效率的勤奋要善于规划和安排时间。时间是宝贵的资源，合理规划时间能够让工作更加有序和高效。我们可以通过制定日程表或使用时间管理工具，将任务分解为具体的时间段，确保每项任务都能按时完成。

4. 大量练习

有效率的勤奋要不断学习和进步。例如，通过参加培训、阅读专业书籍、向他人请教等方式来不断充实自己。

5. 更多收获

（1）有效率的勤奋能够让我们在职场中脱颖而出，成为领导和同事眼中的佼佼者。

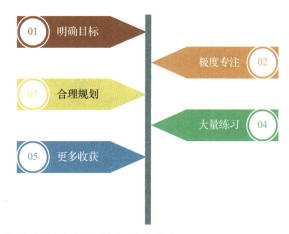

（2）有效率的勤奋意味着我们能够快速地完成任务，并在有限的时间内取得最大的成果。这需要我们具备高度的自我管理能力，并有效地利用资源。

（3）有效率的勤奋能够提高我们的工作效率，从而让我们有更多的时间来发展自己的兴趣爱好和特长。这不仅能够让我们在工作之余得到放松和愉悦，更能够让我们在职场上保持持久的竞争力。

趣味测验

勤奋程度大挑战

测验说明：

本测验包含10个小问题，每个问题都有3个选项，分别代表不同程度的勤奋表现。请根据你的实际情况选择最符合你的一项。记住，这只是一个趣味测验，旨在帮助你更好地认识自己在勤奋方面的表现。

1. 早晨起床（　　）。

A. 总是闹钟一响就起床，开始新的一天

B. 需要按几次闹钟才能勉强起床

C. 经常睡过头，需要紧急冲刺才能赶上上班时间

2. 工作计划（　　）。

A. 每天都会制订详细的工作计划，并严格执行

B. 有时会制订计划，但经常因为突发情况而改变

C. 很少制订计划，总是随心所欲地工作

3. 学习新知识（　　）。

A. 主动学习新知识，经常参加线上或线下课程

B.只在需要时才学习相关知识

C.很少主动学习，通常依赖他人提供的信息

4.工作/学习效率（　　　）。

A.高效专注，能在短时间内完成大量工作/学习任务

B.工作/学习效率一般，需要时常休息来调整状态

C.经常拖延，效率低下，难以按时完成工作/学习任务

5.时间管理（　　　）。

A.善于利用时间，很少有空闲时间被浪费

B.时间管理一般，有时会感到时间不够用

C.经常浪费时间，不知道如何有效利用时间

6.面对困难（　　　）。

A.勇敢面对困难，积极寻找解决方法

B.遇到困难时有些沮丧，但会尽力克服

C.容易放弃，遇到困难就选择逃避

7.锻炼身体（　　　）。

A.定期锻炼身体，保持健康的体魄

B.偶尔锻炼身体，但不够规律

C.很少锻炼身体，通常忙于其他事情

8.阅读习惯（　　　）。

A.经常阅读书籍、文章等，不断提升自己

B.偶尔阅读，但不够频繁

C.很少阅读，通常通过其他方式获取信息

9.目标设定（　　　）。

A.设定明确的目标，并为之努力奋斗

B.有时会设定目标，但经常因为各种原因而放弃

C.很少设定目标，通常随遇而安

10.自我反思（　　　）。

A.经常进行自我反思，总结经验教训

B.偶尔进行自我反思，但不够深入

C.很少进行自我反思，通常只关注眼前的事情

测验结果：

A选项多于7（不包括7）个：你是一个非常勤奋的人，善于规划和管理自己的时间和生活。你能够积极面对挑战，不断提升自己，值得表扬！

A选项4~7个：你在勤奋方面表现良好，但仍有提升的空间。你可以尝试更加严格地要求自己，制定更明确的目标和计划。

A选项少于4个：你可能在勤奋方面需要付出更多的努力。不要灰心丧气，从现在开始，尝试逐步改变自己的习惯和态度，相信你一定能够变得更加勤奋和优秀！

知识链接

6种职场"假勤奋"的典型表现

职场中6种"假勤奋"的典型表现如下：

（1）偷懒"假勤奋"。工作时总是躲避重要任务，找借口推脱责任，总把时间浪费在无用的事情上。

（2）精力分散"假勤奋"。虽然工作很忙碌，但却总是同时进行多个任务，导致无法专注完成一项工作。

（3）睡眠缺失"假勤奋"。经常熬夜工作，自我标榜为工作狂人，实际上却没有高效产出。

（4）流于形式"假勤奋"。只顾面子，忽视实际工作内容，花大量时间在琐碎的细节上。

（5）拖延症"假勤奋"。总是推迟任务的完成时间，把工作紧急化，结果造成了更大的压力。

（6）盲目加班"假勤奋"。没有明确目标的加班，效率低下，时间被拖得过长，甚至影响了个人生活。

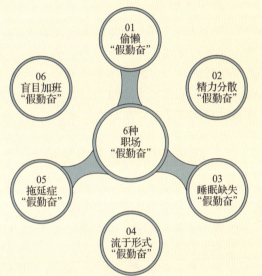

在职场中，一旦出现上述6种职场"假勤奋"，就要警惕了！

请结合你的自身情况，看看你中招了吗？

提升阶段　勤奋：不懈努力，自我提升

在竞争日益激烈的职场环境中，想要实现职场晋升并不是一件易事。除了需要具备一定的专业能力和经验以外，还需要不懈的努力和自我提升。

一、勤能补拙

在成长过程中，每个人都会遇到各种各样的困难和挑战。有时候，我们可能觉得自己的能力不足，无法胜任某项任务或面对某种情况。例如，在学习上，我们曾遇到过很多困难和挫折。有时候，我们会觉得自己的能力有限，无法理解某个概念或解决某个问题。但是，我们只要不断地努力学习、查阅资料、向他人请教，就能够逐渐弥补这些不足，提高自己的学习能力。我们通过长时间的坚持和努力、反复的思考和琢磨，能够掌握许多知识和技能，取得优异的成绩。

勤，就是努力。勤能补拙，这是一句古训，也是一种智慧的总结。它告诉我们，只有通过勤奋努力，才能弥补自身的不足，不断提升自己的能力。

勤能补拙，是一种对自己的要求和期许。无论是在学习和生活上，还是在工作上，只要付出了足够的努力，就能够克服各种困难，不断取得进步。

案例 4-4

在工地上，有一位名叫王强的农民工。他只有初中学历，但一直怀揣着成为一名建筑工程师的梦想。每天下班后，他都会挤出时间自学建筑知识，通过看书、上网课等方式不断提升自己。经过几年的努力，王强不仅掌握了扎实的建筑知识，还通过了国家建造师考试，成为一名合格的建筑工程师。他的故事在工地上传为佳话，激励着更多的工友通过勤奋学习改变自己的命运。

二、职场中勤奋的 8 个绝招

每个人都想成为一个成功的人，因为成功的人能够实现自己的人生理想，实现自己的人生价值，为社会做出最大的贡献。那么，怎样才能成为一个成功的人呢？

爱因斯坦曾经说过："成功等于百分之九十九的血汗加上百分之一的灵感。"

1. 主动接受新任务

主动工作，你能获得更多。例如，当上级提出一项工作计划时，你可以毛遂自荐，请他让你试一试，当然，你须掂量掂量自己，以免被上级认为你自不量力。上级透过这些任务能看到你的工作态度和能力。这个时候，你的勤奋就能派上大用场了。

2. 适当显示自己的能力

当做琐碎工作时，无须将成绩展示给他人，要给人一个平实的印象。当有机会承担一些比较重要的任务时，不妨把成绩有意无意地显示出来，提高领导和同事对自己的认可度。这非常重要，因为上级是否会注意你，往往取决于你在同事中的认可度。掩藏小的成绩，展示较大任务的成绩，可起到名利双收的效果。

3. 将心比心，看准"领导心"

职业人要学会"将心比心"，看准上级心里想的，然后顺应上级的意思去做，这样工作既能得到上级的肯定，而且能够得到上级更多的信任。当你真正得到上级的关心时，你就会有更多的机会。

4. 骄傲地说出自己的成绩

很多时候，上级未必喜欢谦虚的下属，太过谦虚反而会吃亏。当你带领其他员工完成一件艰巨的任务后向上级汇报时，你一定要向上级巧妙地说出你的工作成绩，这不仅能体现你的自信，而且能够得到上级的赏识。

5. 时刻保持精力充沛

别以为你通宵赶工，一副疲惫的样子，就会博得上级的赞赏。无论在什么时候，在上级面前都要保持良好的精神状态，这样上级才会放心把更重要的任务交给你。

6. 与时俱进不断创新

不仅要让上级了解你是一个对工作十分投入的人，而且要尝试用不同的方法提高自己的工作效率，使上级对自己印象深刻。利用闲暇时间不断提升自己的能力，掌握市场变化规律和竞争规律，做一个与时俱进的人，这样你才不会成为下一个淘汰者。

7. 适当推迟假期

想升职，就要付出比别人更多的努力。如果想被上级重视，那么请推迟你的假期吧，你的努力和勤奋自然会被上级看在眼里。

8. 学会为公司精打细算

就算你不是财务人员，但如果你能为上级提一些能缩减经费的建议，也会让他对你刮目相看。一位人力资源专家说过："如果你可以想出一点省钱的好办法——尽管这样可能会给你带来一定的不便——你的上级肯定会认为你是最有价值的职员。"

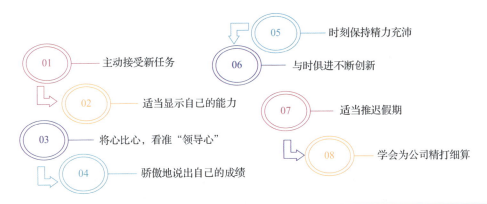

- 01 主动接受新任务
- 02 适当显示自己的能力
- 03 将心比心，看准"领导心"
- 04 骄傲地说出自己的成绩
- 05 时刻保持精力充沛
- 06 与时俱进不断创新
- 07 适当推迟假期
- 08 学会为公司精打细算

> 思考：在职场上，"勤奋"的8个绝招，你做到了几个？

拓展阶段 勤奋：助力个人成功

勤奋是取得成功的重要因素。达查理斯·罗伯特·达尔文曾说过："如果我有什么功绩的话，那不是有才能的结果，而是勤奋与毅力的结果。"唐宋八大家之一韩愈说过，"业精于勤，荒于嬉；行成于思，毁于随"，这句话强调了勤奋。"书山有路勤为径，学海无涯苦作舟"，同样突出了勤奋。古人有"头悬梁，锥刺股"，也说明了勤奋的重要性。

勤奋是实现个人和社会目标的重要因素。它能够帮助我们取得成绩，塑造积极的人生态度，并对个人和社会产生积极影响。

一、提升个人成就和职业素养

（1）勤奋是获取知识与技能的基石。只有通过不懈的努力和勤奋的学习，才能够获得更多的知识和技能，不断提升自己的个人成就。

（2）培养自律和责任感。勤奋的人通常能够做好时间管理，养成良好的工作和生活习惯，自觉完成分配的任务，展现出较高的自律性和责任感。

（3）塑造坚忍的心态。在生活和职业上遇到挑战和困难时，勤奋的人能够更好地面对并克服困难，保持积极向上的心态，不轻易放弃。

二、提高个人价值和职业竞争力

（1）勤奋带来显著的成果。勤奋的人通常能够以出色的表现获得更多的机会和认可，进而提升个人价值和职业地位。

（2）培养专业技能。只有通过长时间的坚持和钻研，才能够真正掌握一门技能。勤奋的人在不断学习和实践中，积累丰富的经验，掌握专业的技能，从而在职业领域具备更高的竞争力。

 案例 4-5

> 小 A 是 2005 年某学院的毕业生，目前为工商银行某市支行信贷科负责人。
>
> 在同学的眼里，小 A 的选择有些不可思议，因为她选择了回某市。毕业 5 年后，能力出色的小 A 被提拔为所在银行信贷科副科长。7 年后，她已经成为该信贷科的负责人。
>
> 因为具有多年在基层工作的经验，小 A 目前经常收到来自各家银行的邀请。小 A 总结 7 年的职场经验说："小城市对人才的渴望比大城市更大。我毕业后到工商银行工作，当时银行里就有 2 个本科生，得到锻炼的机会很多。如果现在让我重新选择，我还是会选择回某市就业，因为在小城市，只要勤奋努力，提升得也就更快。"

（3）塑造出众的个人形象。勤奋的人经常有出色的表现，他们能够在工作中展现出高度的专业素养和责任感，展现出积极向上的形象，给他人留下深刻的印象。

三、提升工作效率和生活质量

（1）提升工作效率。勤奋的人能够心无旁骛地专注于工作，更加高效地完成任务，减少时间的浪费，提高工作效率。

（2）营造积极的工作氛围。勤奋的人往往能够带动团队成员一同努力，营造积极向上的工作氛围，这有利于提升整个团队的工作效率和协作能力。

（3）提升生活质量。通过勤奋地工作和努力追求目标，人们可以获得更多的成就感、幸福感和满足感，提升生活的质量。

四、给予个人更多发展和成长的机会

（1）勤奋带来机遇。勤奋的人具备更强的行动力和进取心，他们能够更好地把握机会、抓住挑战，从而获得更多的成长和发展的机会。通过勤奋工作，你可以学习新的技能和知识，提高自己的能力和素质。这些技能和知识可以帮助你在以后的工作中更好地应对挑战。

（2）促进个人进步和成长。勤奋的人在不断地学习和实践中能够不断地积累经验和提高能力，实现个人的进步和成长。勤奋可以帮助你成为更好的人。

（3）开拓个人发展空间。勤奋的人不满足于现状，他们通过不断学习和努力，开拓更广阔的个人发展空间，最大限度地挖掘自身潜能；通过勤奋工作，可以获得更多的机会和资源，创造更好的生活和发展自己的事业，实现自己的梦想和目标。

（4）获得成就感和自豪感。当你完成一项任务或者达成一个目标时，你会感到自己很有成就感和自豪感。这种感觉会让你更有动力去工作，去完成任务和达成目标。

总结起来，勤奋在个人和职业生涯中的重要性不言而喻。通过勤奋，个人能够提升自己的成就和职业素养，提高个人价值和职业竞争力，提升工作效率和生活质量，获得更多的发展机会和成长空间。因此，我们应该时刻保持勤奋的心态，努力追求个人和职业的成功。

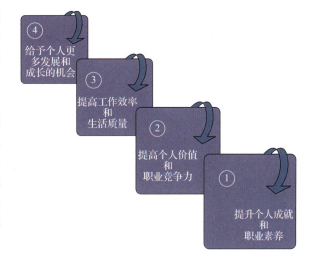

素养加油站

勤奋人的特点

勤奋是一种积极向上的品质和态度，它通常指一个人努力工作、不断学习、坚持不懈地追求目标的精神。勤奋不仅仅是指身体上的努力，还包括思维上的活跃和创新。勤奋的人会不断思考、探索新的方法和途径，以更好地完成任务和解决问题。

勤奋的人具有以下几个特点：

（1）努力工作。勤奋的人会全身心地投入到工作或学习中，不怕吃苦，努力克服困难。

（2）有毅力。勤奋的人具备坚持不懈的精神，不会轻易放弃，即使遇到挫折也能坚持下去。

（3）自律。勤奋的人往往能够自我管理，制订计划并严格执行，以实现自己的目标。

（4）不断学习。勤奋的人对新知识和技能有强烈的渴望，愿意不断学习和提升自己。

（5）有目标。勤奋的人通常有明确的目标，并为之努力奋斗。

勤奋对于个人的成长和成功至关重要。通过勤奋努力，人们可以提高自己的能力，实现自己的梦想。同时，勤奋能培养人的毅力和自律精神，让人更加自信和有成就感。

 ## 实训小课堂

【实训目标】

知识目标：

1.了解职业素养中勤奋的内涵。

2.了解勤奋对个人和社会产生的积极影响。

3.了解职场中勤奋的重要性。

能力目标：

1. 能够理解勤奋与事业成功、时间、坚持及智慧等的关系。

2. 能够正确区分勤奋。

3. 能够通过勤奋提升个人成就和职业竞争力。

4. 能够正确理解成功等于勤奋加方法。

素质目标：

1. 培养勤奋精神。

2. 增强勤奋意识，提升个人职业素养。

【实训案例】

火箭"心脏"焊接人高凤林

高凤林是中国航天科技集团公司第一研究院211厂发动机车间班组长，30多年来，他几乎都在做着同样一件事，即为火箭焊"心脏"——发动机喷管焊接。有的实验需要在高温下持续操作，焊件表面温度达几百摄氏度，高凤林却咬牙坚持，双手被烤得鼓起一串串水疱。因为技艺高超，曾有人开出"高薪加两套北京住房"的诱人条件聘请他，高凤林却说，我们的成果打入太空，这样的民族认可的满足感用金钱买不到。他的坚守诠释了一个航天匠人对理想信念的执着追求。

极致：焊点宽0.16毫米管壁厚0.33毫米

"长征五号"火箭发动机的喷管上有数百根几毫米的空心管线。管壁的厚度只有0.33毫米，高凤林需要通过3万多次精密的焊接操作，才能把它们编织在一起，焊缝细到接近头发丝，而长度相当于绕一个标准足球场两周。

专注：为避免失误练习10分钟不眨眼

高凤林说，在焊接时得紧盯着微小的焊缝，一眨眼就会有闪失。"如果这道工序需要10分钟不眨眼，那就10分钟不眨眼。"

坚守：35年焊接130多枚火箭发动机

高凤林说，每每看到我们生产的发动机把卫星送到太空，就有一种成功后的自豪感，这种自豪感用金钱买不到。

正是这份自豪感，让高凤林一直以来都坚守在这里。35年，130多枚长征系列运载火箭在他焊接的发动机的助推下，成功飞向太空。这个数字占到我国发射长征系列火箭总数的一半以上。

匠心：用专注和坚守创造不可能

火箭的研制离不开众多的院士、教授、高工，但火箭从蓝图落到实物，靠的是一个个焊接点的累积，靠的是一位位普通工人的咫尺匠心。

讨论与思考：

1. 从勤奋的角度解析高凤林的职业素养。

2. 请结合自身情况，说一说你对职场中关于勤奋这一职业素养的理解。

【实训方法】

1. 结合案例资料，完成讨论与思考。

2. 结合案例资料，围绕自己感触最为深刻的一点，阐述你的观点和建议。

【任务评价】

结合实训目标，认真完成实训任务；然后结合个人自身情况，谈谈自己在各阶段关于职场勤奋的表现；最后结合自评或他评进行评分。

评分标准：1 分 = 很不满意，2 分 = 不满意，3 分 = 一般，4 分 = 满意，5 分 = 很满意。

阶段	任务	个人表现	评分
学习阶段	勤奋是事业成功的决定因素；与时间赛跑，勤奋助你成就事业；勤奋贵在坚持，坚持越久，收获就越大；奋斗不止，平凡人也能成大业；足够勤奋，能弥补智慧上的不足		
实践阶段	勤奋的关键是坚持，并逐渐建立起适合自己的工作和学习习惯，它是一个长期而持续的过程		
反思阶段	勤奋是一种美德，但它不能成为职场唯一的竞争力。职场中需要的是有思考、有效率、有智慧的勤奋		
提升阶段	在竞争日益激烈的职场环境中，想要实现职场晋升并不是一件易事。除了需要具备一定的专业能力和经验以外，还需要不懈的努力和自我提升		
拓展阶段	勤奋是实现个人目标和社会目标的重要因素。它能够帮助我们取得好成绩，对个人和社会产生积极影响，如提升个人成就和职业素养，提高个人价值和职业竞争力，提升工作效率和生活质量，给予个人更多发展和成长的机会		

【实训要求与总结】

1. 完成实训任务与评估。

2. 通过实训小课堂，在理论知识和职业技能方面都获得提升，从而具备职业人的良好职业素养，为实现职场成功做好准备。

思 考 题

1. 请列举一些常见的勤奋事例。
2. 勤奋与成功有什么关系？
3. 勤奋与时间有什么关系？
4. 勤奋与坚持有什么关系？
5. 勤奋精神对个人和社会产生哪些积极影响？
6. 为什么勤奋不是职场唯一的出路？
7. 为什么说职场需要有思考的勤奋？
8. 为什么说职场需要有效率的勤奋？
9. 职场中勤奋的 8 个绝招是什么？
10. 请你结合自身情况，就培养勤奋精神提出一些方法和建议。

职业信条五：自信

——从平凡走向非凡的驱动力

> 一定要有自信的勇气，才会有工作的勇气。
>
> ——鲁迅

学习阶段 自信：人生迈向成功的第一步

爱因斯坦说过："自信是人生迈向成功的第一步。"自信的人，阳光积极，充满正能量，能够时时处处展现出人格魅力；自信的人，主动思考、主动学习、主动实践，为了理想信念拼搏不止，历经波折最终成就自我。

自信使平凡走向非凡

自信是描述人在社会适应中的一种自然心境，是发自内心的自我肯定与相信。自信本身就是一种积极性，是自我评价中的积极态度。没有自信的积极，是软弱的、低能的、低效的积极。因此，相信自己行，是一种信念，这样的信念能让我们实现所追求的目标。

一、自信的分类

人的自信分为两种：

第一种是有条件的自信，来源于你的外在价值。简单来说，当你得到了别人的认可时，你会觉得自己有价值，从而拥有自信。这也是大多数人终其一生去培养的自信，即努力提升自己在某一方面的知识或能力，以此证明自己的价值。但一旦失去外界的支撑，他便会失去自信。

第二种是无条件的自信，来源于你的内在价值。你的自信不受外界影响，是你内在对于自己的认可。如果你拥有无条件的自信，那么不论你是否做出了出色的表现，也不论其他人是否认可、尊重或喜爱你，你都始终认为自己生而为人是有价值的，你的价值不会因为自己所做的事和他人的看法而改变。

二、自信的作用

（1）自信能帮助人在职业的道路上走得更加坚实。最能促使人前进的一种动力，莫过于成功后的成就感。不管大小事，只要能做成功，你就可以从中获得成就感，你就会渴望取得更大的成功。

（2）一个人拥有强大的自信心，不仅可以提高工作表现，还可以在职场中获得更多的晋升机会。通过建立自信，你可以更好地应对职场挑战，实现自己的职业目标。

01 自信的分类

02 自信的作用

案例 5-1

自信——照耀我们成才的明灯

如果你追求的是最好的，你就可能得到最好的。

有一个人经常出差，经常买不到对号入座的车票。可是无论长途短途，无论车上多挤，他总能找到座位。

他的办法其实很简单，就是耐心地一节车厢一节车厢找过去。这种办法听上去似乎并不高明，但却很管用。每次，他都做好了从第一节车厢走到最后一节车厢的准备，可是每次他都用不着走到最后就会发现空位。他说，这是因为像他这样锲而不舍找座位的乘客实在不多。

经常是在他落座的车厢里尚余若干座位，而在其他车厢的过道和车厢接头处，居然人满为患。

他说，大多数乘客轻易就被一两节车厢拥挤的表面现象迷惑了，不大细想在数十次停靠之中，火车十几个车门上上下下的客流中蕴藏着不少提供座位的机遇；即使想到了，他们也没有那一份寻找的耐心。眼前一方小小立足之地很容易让大多数人满足，为了一两个座位背负着行囊挤来挤去有些人也觉得不值。他们还担心万一找不到座位，回头连个好好站着的地方也没有了。与生活中一些安于现状不思进取害怕失败的人，永远只能滞留在没有成功的起点上一样，这些不愿主动找座位的乘客大多只能在上车时最初的落脚之处一直站到下车。

【解析】自信、执着、富有远见、勤于实践，会让你握有一张人生之旅永远的坐票。

📖 实践阶段　　自信：消除自我怀疑，增强自信

自信是一种长期积淀和培养的品质，每当你成功地做完一件事情时，你对自己的信心就会增强一些。

所有成功人士都有两个共同特质：其中一个是你经常听到的——自信，即内心认为自己多数情况下能够克服挑战的一种信念。另一个往往被忽视，即战胜自我。多数自信的人都曾经因事实上或想象中的不足之处而自我怀疑，但他们能够战胜自我。

从这个角度来说，树立自信可分为两阶段：第一阶段是消除心中的自我怀疑，第二阶段则是建立起自信。

一、第一阶段：消除自我怀疑

第一步：了解根源

早在婴儿时期，自我怀疑就潜入了我们心中。当我们是幼童时，家人在我们眼中无比高大，我们会想："我也要变成他们那样。"这种愿望本身没什么错，但把父母推上神坛就是个问题了。这很复杂，不过，从我们开始渴望父母在我们想象中所拥有的那种权威之时起，我们就会将自我意识与自我理想（想象中完美的自我来源于"全知全能的"父母在我们心中的印象）进行比较。由于没有人能达到自我理想所设定的高标准，我们的余生或多或少都饱受自我怀疑的折磨。这是不理性的，却是真实存在的。

第二步：接受现实

心理学提出了"接受疗法"，其根据在于：承认自己受某个问题的困扰，能够缓解该问题所能造成的负面情绪。相反，否认某个问题的存在，或者因为存在某种缺陷而不断自责，则会使问题变得严重。没有人是完美的，要知道那些你崇拜的人也存在这样那样的不完美之处。

第三步：倾诉

若你觉得会搞砸一次演讲时，请对着朋友倾诉一次吧。若你觉得自己不受尊重，请询问一位你景仰的人士（但不能是你的上司）的意见吧。最坏的结果是，这位倾听你的倾诉的人给你负面的反馈，即使如此，你也可以据此改善自己。承认哪些问题困扰你，并了解到其他人也有同样的困扰，这将会帮助你认识到：尽管自我怀疑令人恼怒，但也没什么大不了。

第四步：分析事实

当一名幽闭恐惧症患者被困在电梯里时，他很难把精力集中于这个现实：电梯随时可能重新开始移动。因为恐惧与惊慌接管了他们的心灵。自我怀疑者也具有类似的倾向，不过，与幽闭恐惧症患者不同，你可以寻求一些确凿事实的帮助。举例来说，如果你最近得到了升迁，那就可以提醒自己为何获得重用。编制一份清单，列出你的各种有价值的技巧及取得的成就，如果有必要的话，可以大声读出来。不过，同样重要的是，不要依赖那种事先准备好的鼓舞士气的套话，因为虚伪的自我赞扬可能比自我怀疑更加有害。

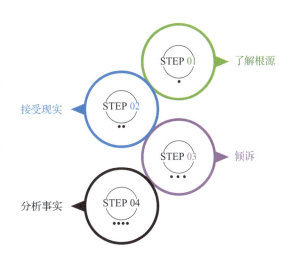

二、第二阶段：增强自信

第一步：鼓足勇气，迎接挑战

如果说"现实占有，败一胜九"（译注：法律谚语，指没有相反证据时，现实占有某物的人往往被推定为所有者）成立，那"坚定信心，无往不胜"也就成立了。哪怕是非常可怕的事件，只要你告诉自己，你有应对它所需的资源，那它或许真能得到控制。

第二步：挑战自己的恐惧

对多数人来说，无论恐惧来源于何处，它都是一个难以战胜的敌人。正因为此，你应该主动挑战它，威廉·詹宁斯·布莱恩曾说过："建立自信的方式就是做自己恐惧的事情。"

第三步：选择战场

具体来说，这意味着选择接受"自我协调"（egosyntonic）（心理学词汇，指的是与你心中对自己的认识相符的行为和情感）的挑战，通过直面自己选择的挑战而提振信心，这远比应对别人为你选的挑战更有效。如果你相信某些挑战具有重要意义，因而主动选择它们，你的获胜率和获得的自信都将增加。

第四步：逐步拓展

没有什么事比射击桶里的鱼（译注：谚语，比喻非常简单、定能成功的事情）更挫伤自信了，给自己每个任务都增加一点挑战，你的自信心也会不断增加。如果长期毫无进展，你的自信迟早会消耗殆尽。

案例 5-2

一家知名公司正在招聘副经理一职，经过初试，公司人力资源部管理者从简历里选中了3位优秀的青年进行面试，最终选定一个。最后的面试由总经理亲自把关：面试的方式是跟3位应聘者逐个进行交谈。

面试之前，总经理特意让秘书把为应聘者准备的椅子拿到了面试室外面。

第一位应聘者沉稳地走了进来，他是3人中经验最为丰富的。总经理轻声对他说："你好，请坐。"应聘者看着自己周围，发现并没有椅子，充满笑意的脸上立即现出了些许茫然和尴尬。"请坐下来谈，"总经理再次微笑着对他说。他脸上的尴尬更明显了，有些不知所措，最后只得说："没关系，我就站着吧！"

第二位应聘者反应较为机敏，他环顾左右，发现并没有可供自己坐的椅子，立即谦卑地笑："不用不用，我站着就行！"

第三位应聘者进来了，这是一个应届毕业生，一点经验也没有，他求职面试成功的概率是最低的。总经理的第一句话同样是："你好，请坐。"他看看周围没有椅子，先是愣了一下，随后立即微笑着请示总经理："您好，我可以把外面的椅子搬一把进来吗？"总经理温和地说："当然可以。"

面试结束后，总经理录用了最后一位应聘者，他的理由很简单：我们需要的是有思想、有主见的人，缺少了这两样东西，一切的学识和经验都毫无价值。

📖 反思阶段 自信：是一种态度

自信是一种态度，是一种生活方式，也是一种习惯，只要你从小事做起、逐渐培养，你就会拥有自信。但是，很多人在面对职业发展时都缺乏自信。

在职场中，我们或多或少会犯下一些错误，进而听到一些质疑的声音："你为什么总是做错？""你真的能胜任这个职位吗？"如果此时我们也在自我怀疑，那么我们将很难建立起自信。质疑的声音不绝于耳，许多人在经历一次、两次、十几次失败之后，会退却和自我怀疑，而自信的人不会，会再一次勇敢地面对挑战，继而迈向成功。

有些人在表现自信时，会陷入一些误区或易犯一些错误，具体表现如下：

误区一：自负

自负是过度自信的表现，它源于对自己能力的过高估计。自负者往往轻视他人，认为自己无所不能，这种心态容易导致他们忽视自身的不足和他人的优点，从而在决策和行动中犯错。自负者可能会因为过于自信而拒绝接受他人的建议和反馈，进而陷入孤立无援的境地。

误区二：自卑

与自负相反，自卑是自信不足的表现。自卑者往往对自己的能力、外貌、性格等缺乏信心，认为自己不如他人。这种心态会导致他们错失机会，不敢尝试新事物，甚至在面对挑战时选择逃避。自卑者需要认识到自己的价值和潜力，学会欣赏自己的优点，并逐渐建立自信。

易犯错误一：忽视细节

在表现自信时，一些人可能会过于关注大局而忽视细节。然而，细节往往决定成败。一个自信的人应该既能够把握整体趋势，又能够关注并处理好每一个细节。只有这样，才能在工作中做到尽善尽美，赢得他人的信任和尊重。

易犯错误二：过度表现

有些人可能会试图通过表现来展示自己的自信，但往往会表现过度。例如，他们可能会过于夸张地表达自己的观点、情绪或行为，以吸引他人的注意。然而，这种行为往往适得其反，容易让人感到反感或不适。一个真正自信的人应该能够自然地表达自己的观点和情感，而不需要刻意去炫耀或张扬。

案例 5-3

李某是一家科技公司的项目经理，他以对项目细节的极致把控而著称。李某对每个项目环节都深度介入，导致团队成员在处理任务时总是等待他的指令，即使是一个小改动，也需要等待他的最终确认，失去了自主性和解决问题的能力。团队内部产生了内耗，大家都在犹豫、观望，浪费了时间。最终，项目进展缓慢，业绩不佳。

易犯错误三：缺乏自我反思

自信并不意味着不需要自我反思。一个自信的人应该能够客观地评估自己的能力和表现，并从中汲取经验和教训。然而，一些人可能会因为过于自信而忽视自我反思的重要性，这导致他们在面对失败或挫折时无法及时调整自己的心态和策略。因此，保持一定的自我反思能力对于维持自信至关重要。

综上所述，表现自信需要避免自负和自卑的误区，同时要注意不要忽视细节、过度表现以及缺乏自我反思。

趣味测验

请完成下面的趣味测验。

假如你是一位冒险家，某次你到一地下室探险。地下室有一扇门，但你不能接近，因为门会将你弹开，你留意到门上有美丽的雕刻，你认为门上所刻的是哪种图案呢？（　　　）

A. 美丽女神的雕刻　　　B. 有刺树枝的雕刻　　　C. 咒文雕刻　　　D. 大力士雕刻

测试结果：

选择 A（美丽女神的雕刻）意味着你倾向于以和谐、优雅的方式处理生活中的挑战。

选择 B（有刺树枝的雕刻）表明你在面对障碍时感到受挫，需要更多的耐心和策略来克服。

选择 C（咒文雕刻）反映了你对未知和不确定性的恐惧，或者倾向于寻找超自然力量来解决问题。

选择 D（大力士雕刻）表明你自信、坚忍，能够依靠自己的力量和勇气去克服生活中的困难。

📀 小故事，大道理

勇于冒险

有一次，龙虾与寄居蟹在深海中相遇，寄居蟹看见龙虾正把自己的硬壳脱掉，只露出娇嫩的身躯。寄居蟹不解，赶紧劝说道："龙虾，你怎么能把唯一保护自己身躯的硬壳抛弃了呢？"龙虾气定神闲地回答："谢谢你的关心，这跟习惯有关，我们龙虾每次成长，都必须先脱掉旧壳，才能生长出更坚固的外壳，对抗危险。"寄居蟹听后不由思量：自己整天只找可以避居的地方，只活在别人的庇护之下，限制了自己的发展。

【感悟】这个小故事讲述了一个大道理，那就是每个人都有一定的安全区，你想超越自己目前的成就，就要跳出安全区，勇于接受挑战并充实自我，这样才能发展得更好。

📀 职场小故事

跳槽

A 对 B 说："我要离开这个公司。"B 建议道："我很赞同，但现在不是你离开的好时机，你应该先提升自我影响力，成为公司独当一面的人物，然后带着这些客户突然离开公司，公司才会受到重大损失。"A 觉得 B 说得非常在理，于是努力工作。半年后，B 对 A 说，现在是时候跳槽了，A 淡然笑道说："老总跟我长谈过，准备升我做总经理助理，我暂时没有离开的打算了。"其实这也正是 B 的初衷。

【解析】这个职场小故事告诉我们，一个人不能永远只为自己的利益考虑。只有付出大于得到，让老板真正看到你的能力大于位置，老板才会给你更多的机会。

📖 提升阶段 自信：树立信心，应对挑战

自信是外部行为表现和内在心理感受的有机统一体。自信不是天生的，而是后天培养和发展的结果。自信是一个人综合素质的重要组成部分，具有重要的意义和作用。无论是在生活、学习中，还是在职场中，我们都需要正确地进行自我认知和树立自信心，从而更好地应对各种挑战，拥有更积极向上的人生。

一、了解自己的优点和弱点

认识自我是培养自我认知的前提。通过审视自己，我们可以清楚地了解自己的优点和弱点。在个人优点方面，我们应该肯定自己的长处并充分发挥。在个人弱点方面，我们要正视自己的不足，并制订相应的计划来弥补。通过了解自己的优点和弱点，我们可以更好地了解自己的个性和能力，从而在实践中更加自信地应对各种问题和挑战。

二、积极面对挫折和困难

挫折和困难是每个人生活中不可避免的一部分，而如何面对挫折和困难，决定了我们是

否能够保持自信。在面对挫折和困难时，我们不要沉迷于消极情绪，而是要积极面对，勇敢地去寻找解决问题的方法。当我们克服一次困难，解决一个问题时，就会增强自己的自信心和成就感。只有在坚持不懈地面对挫折和困难的过程中，我们才能真正培养出自己的自信。

三、关注细节

 案例 5-4

　　老詹是景德镇为数不多懂得原始制泥技术的工匠，被称为景德镇水碓守护人。他每天用手将一块块矿石挑选出来，然后挑到河边清洗，经过七泡七洗的复杂工序，泥料才一点一点漏出真容。最初的泥料并不是制作陶瓷的原料，要经过老詹一点点用脚踩泥，一踩就是两个小时，这个动作要重复一个星期。30 年来，老詹一直守在这个水碓旁，重复着同一个动作，这是对工匠精神的生动诠释。老詹对制瓷的每一个细节都倾注了极大的热情和专注，这种对细节的极致追求，使得他制作的陶瓷作品具有很高的品质和价值。

老詹的故事

　　在生活和工作中，表现自信的同时关注并处理好每一个细节，是一种高效且受人尊敬的态度。这种能力不仅能够帮助个人在职场上脱颖而出，还能使个人在人际交往中赢得他人的信任和尊重。

1. 自信与关注细节的关系

　　（1）自信为关注细节提供动力。自信是一种内在的心理状态，它使个体相信自己有能力应对各种挑战，并达成既定的目标。这种心理状态为个体提供了关注细节所需的动力。

　　（2）关注细节有助于增强自信。反过来，关注细节也能增强个体的自信。当个体成功地识别并处理了一个又一个细节，从而避免了潜在的问题或提升了工作质量时，他们会从中获得成就感。这种成就感会逐渐积累，转化为更强的自信。此外，关注细节还能帮助个体更好地理解和掌握所从事的工作或领域，从而在面对挑战时更加从容不迫，进一步增强自信。

　　（3）自信与关注细节的平衡。虽然自信和关注细节相互促进，但也需要保持适当的平衡。过度的自信可能导致个体忽视细节，从而犯下错误或遗漏重要信息。而过于关注细节则可能使个体陷入琐碎的细节无法自拔，影响整体的工作进度和效率。因此，个体需要在自信和关注细节之间找到一个合适的平衡点，既要有足够的自信去应对挑战，又要关注细节以确保工作的质量和准确性。

2. 关注细节的建议

　　（1）练习观察周围的事物，尝试从不同的角度和距离观察同一事物，以发现平时未曾注意到的细节。

　　（2）对周围的事物保持好奇心，善于提问并寻找答案，这有助于你更深入地了解事物的细节。

　　（3）专注当下。当你专注于当前的任务时，你更容易注意到其中的细节。

01 了解自己的优点和弱点
02 积极面对挫折和困难
03 关注细节
04 自然表达
05 保持自我反思

四、自然表达

学会自然地表达自己的观点和情感，避免过度表现或炫耀。

五、保持自我反思

定期对自己的能力和表现进行反思，及时调整心态和策略。

📖 拓展阶段　自信：挑战自我，自强不息

要想成就事业，就要有自信，有了自信才能产生勇气、力量和毅力，才有可能战胜困难，达成目标。但是自信绝非自负，更非痴妄，自信建立在崇实和自强不息的基础之上才有意义。

一、挑前面的位子坐

你注意到过在教室或各种聚会中，后排的座位是怎样先被坐满的吗？大部分占据后排座的人，都希望自己不会"太显眼"。而他们怕受人注目的原因就是缺乏自信心。

坐在前面能建立自信心。把它当作一个规则试试看，从现在开始尽量往前坐。当然，坐在前面会比较显眼，但要记住，有关成功的一切都是显眼的。

二、练习正视别人的眼睛

一个人的眼神可以透露出许多信息。当某人不正视你的时候，你会问自己："他想要隐藏什么呢？他怕什么呢？他会对我不利吗？"

不正视别人通常意味着：在你旁边我感到很自卑，我感到不如你，我怕你。躲避别人的眼神意味着：我有罪恶感；我做了或想到什么我不希望你知道的事；我怕一接触你的眼神，你就会看穿我。无论是不正视别人还是躲避别人的眼神，都传达出一些不好的信息。因此，我们在与人交往中，要做到正视对方的眼睛。正视别人等于告诉别人：我很诚实，而且光明正大。请你相信我告诉你的话是真的，我毫不心虚。

三、把你走路的速度加快 25%

许多心理学家将懒散的姿势、缓慢的步伐与对自己、对工作以及对别人的不愉快的感受联系在一起。但是心理学家也告诉我们，借着改变姿势与速度，可以改变心理状态。你若仔细观察就会发现，身体的动作是心灵活动的结果。那些遭受打击、被排斥的人，走路都拖拖拉拉，完全没有自信心。

有的人有着超凡的信心，走起路来比一般人快。他们的步伐仿佛在告诉整个世界："我要到一个重要的地方，去做很重要的事情，更重要的是，我会在 15 分钟内成功。"

使用走快 25% 的方法，抬头挺胸，走快一点，你就会感到自信心在增强。

四、练习当众发言

拿破仑·希尔指出，有很多思路敏锐、天资高的人，却无法发挥他们的长处参与讨论，并不是他们不想参与，而是因为他们缺少信心。

在会议中沉默寡言的人都认为：我的意见可能没有价值，如果说出来，别人可能会觉得我很愚蠢，我最好什么也不说。而且，其他人可能比我懂得多，我并不想让他们知道我是这么无知。这些人常常会对自己许下难以实现的诺言：等下一次再发言。每次这些沉默寡言的人不发言时，他们就又中了一次缺少信心的毒，他会越来越不自信。从积极的角度来看，发言会增强信心，下次也更容易发言。所以，要多发言，这是增强信心的"维他命"。

不论是参加什么性质的会议，每次都要主动发言，也许是评论，也许是建议或提问题，都不要有例外。不要到最后才发言，而要做破冰船，第一个打破沉默。也不要担心你的发言显得你很愚蠢，因为总会有人同意你的见解。

五、咧嘴大笑

大部分人都知道笑能给予自己推动力，它是医治信心不足的良药。但是仍有一些人对此不相信，因为他们在恐惧时，从不会试着笑一下。真正的笑不但能消除自己的不良情绪，还能马上化解别人的敌对情绪。如果你真诚地向一个人微笑，他就无法再对你生气。拿破仑·希尔讲了一个自己的亲身经历："有一天，我的车停在十字路口的红灯前，突然'砰'的一声，原来是后面那辆车的驾驶员的脚滑踩到了加速踏板，他的车撞了我车的后保险杠。我从后视镜看到他下来，也跟着下车，准备痛骂他一顿。但是我还来不及发作，他就走过来对着我笑，并真诚地对我说：'朋友，我实在不是有意的。'他的笑容和真诚把我融化了。我低声说：'没关系，这种事经常发生。'转眼间，我的敌意变成了友善。"

六、怯场时，不妨道出真情

内观法是研究心理学的主要方法之一，这是实验心理学之祖威廉·华特所提出的观点。内观法就是很冷静地观察自己内心的情况，而后毫无隐瞒地道出观察结果。如能模仿这种方法，把时时刻刻都在变化的心理秘密，毫不隐瞒地用言语表达出来，那么就没有产生烦恼的余力了。例如，一个人初次到某个陌生的地方，内心难免会疑惧万分，不妨将此不安的情绪，清楚地用语言表达出来："我几乎愣住了，我的心怦怦地跳个不停，甚至两眼也发黑，舌尖凝固，喉咙干渴得不能说话。"这不但可将内心的紧张感驱除殆尽，而且能使心情恢复平静。

七、用肯定的语气可以消除自卑感

价值判断的标准是非常主观而又含糊的。如果主观认为漂亮，看起来就觉得很漂亮；如果主观认为讨厌，看来看去都觉得不顺眼。尤其自卑感，也常常会受到语言的影响。

《物性论》一书的作者——古罗马大诗人卢克莱修奉劝天下人要多多称赞肤色黑黝的女士："你的肤色如同胡桃那样迷人。"只要不断如此赞赏对方，那么，这位女士即使再三对镜梳妆，或明知自己的皮肤黑黝，也会毫不在乎。这样一来，她就能专心于化妆，而且觉得自己不失为迷人的女性。接着，卢克莱修奉劝我们不妨将"骨瘦如柴"改为"可爱的羚羊"，把"喋喋不休"改为"雄辩的才华"。不同的语言可将相同的事实完全改观，而且能给人不同的心理感受。

总之，运用肯定或否定的措辞，可将同一件事实，形容成有如天壤之别的结果。措辞，诚然是任何天才都无法比拟的魔术师。在任何情况之下，只要常用积极的措辞，就可以将同一个事实完全改观，消除自卑感，而令人享受到愉快地。

八、自信培养自信

如果缺乏自信，一直做些没有自信的举动，就会越来越没有自信。

缺乏自信时更应该做些充满自信的举动。缺乏自信时，与其对自己说没有自信，不如告诉自己是很有自信的。为了克服消极、否定的态度，我们应该试着采取积极、肯定的态度。

丹麦有句格言说："好运临门，傻瓜也懂得把它请进门。"如果抱着消极、否定的态度，即使好运来敲自己的门，我们也不会把它请入内。

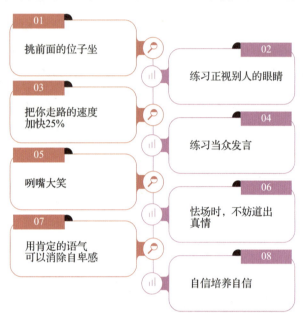

01 挑前面的位子坐
02 练习正视别人的眼睛
03 把你走路的速度加快25%
04 练习当众发言
05 咧嘴大笑
06 怯场时，不妨道出真情
07 用肯定的语气可以消除自卑感
08 自信培养自信

 案例 5-5

自信心是取得胜利的成功之路

F是公司的一名年轻职员，在加入公司之初，由于自信心不足，他总是担心自己的能力和表现会不被认可。然而，他通过努力和经验的积累，逐渐找到了自己的定位，并取得了成功。

一天，公司安排了一项紧急任务，这项任务需要快速完成，而且要求产生高质量的成果。面对这个挑战，大家纷纷献计献策，争相展示自己的能力。F也想参与其中，但是自信心的不足让他产生了犹豫。然而，聪明的F很快意识到，只有通过展示自己的能力才能获得认可和提升。于是，他开始研究任务要求，查阅相关资料，积极主动地向同事请教和学习。他充分利用自己的时间和资源，全力以赴地投入到任务中。在此过程中，F尽职尽责，用心完成每一个细节。当其他同事遇到问题时，F会耐心地给予帮助和支持。他积极主动地与同事沟通和协调，保证团队的协作顺利进行。F的努力和表现得到了领导和团队的认可和赞赏。

通过这个任务，F不仅展示了自己的能力，也树立了自信心。他意识到，自信心是通过积极的行动和不断的努力来获得的。只有充分发挥自己的优势和特长，才能在职场上取得成功。在接下来的工作中，F开始从容自信地面对各种挑战和困难。他不再犹豫和退缩，而是敢于表达自己的想法和观点。他主动承担更多的责任，以身作则，成为团队中的佼佼者。

　　由于F在工作中展现出的自信心，他赢得了同事的尊重和信任。他的上级也对他寄予了更高的期望和信心，激发了他更大的工作动力和潜力，他相信自己可以在职场上不断突破自己，取得更大的成功。

　　【解析】通过这个案例，我们可以看到，自信心是在职场中取得成功的重要因素。只有拥有自信心，我们才能充分发挥自己的能力和潜力，勇敢面对挑战和困难。相信自己，相信自己的能力，才能走上胜利之路。

　　在职场中，我们要时刻保持自信心的建立和提升。可以通过积极主动地学习和实践，不断充实和提高自己的知识和技能，增强自己的专业能力。同时，可以通过参与到一些重要的项目和任务中，展示自己的能力和价值。还可以通过与同事和领导的沟通和交流，不断提升自己的协作能力和人际关系。

素养加油站

自信的内涵

　　自信是人对自己的个性心理与社会角色进行积极评价的结果。它是一种有能力或能够采用某种有效手段完成某项任务、解决某个问题的信念。它是心理健康的重要标志之一，也是一个人取得成功必须具备的一项心理特质。

　　自信主要包含以下内涵：

　　（1）自我认识。我们常说"知己知彼"。其中的"知己"就是要了解自己的身心状况，包括认识自己的外表、气质，认识自己的个性及特征，认识自己的爱好和能力特长，认识自己的学习优势和方式，认识自己的优点和缺点。而这些对自己的认识是建立在事实的基础上的，既不妄自菲薄，也不自大。

　　（2）自我接受。有些人认为自己是芸芸众生中的一个，觉得自己没有什么特点和特长，在人群中毫不起眼，因此觉得自己一无是处。事实上，"世上没有两片完全一样的叶子"，每个人都是独特的个体。优点和缺点构成你的个性，不同的经历组合成为你的人生，这些都是个人的独特性。因此，我们需要接受看似普通，实则独一无二的自己。

　　（3）自我价值，是指自己存在的价值。我们应确信经过积极的主观努力，终会展示自己的才华，实现自身的价值。那么多身残志坚的人，如海伦·凯勒、张海迪等，他们通过努力，最终为社会创造价值，成为榜样，这一切都因为他们坚信：每一个人的存在都是有意义、有价值的，关键需要自己去寻找和创造。

　　（4）自信还体现为一种行为习惯，能够坚持自己的主张而不会产生过度的焦虑，行使自己的权利而不会否定别人的权利。

　　自信是一种个性特质，具有可塑性，它可以通过行为的训练得以改善。

实训小课堂

【实训目标】

知识目标：

1. 了解职业素养的优良品质——自信。
2. 了解自信的内涵。
3. 了解树立自信的两个阶段。
4. 掌握提升自信的方法。

能力目标：

1. 能够正确地进行自我认知与树立自信。
2. 能够在职场中建立自信。
3. 能够在职业上培养和提升自信。

素质目标：

具备在职场中的自信素质，培养自信的能力。

【实训案例】

吉克达富：走出大凉山 攀上新高峰

"我来自四川大凉山，是彝族人。这次参加中国工会十八大，我特意穿上了我们彝族在重要节日才穿的民族服装。对我来说，今天是我一生中值得永远铭记的日子。"这是来自四川大凉山的彝族小伙吉克达富盛装出席中国工会十八大开幕会说的话。

吉克达富的故事

作为山西省代表团中年龄最小的一位，山西一建集团有限公司塔机分公司塔吊班组长吉克达富身上的荣誉耀眼。他是山西省特级劳模，三晋技术能手和全国五一劳动奖章、中国青年五四奖章获得者。

"我出生在大凉山一个小山村，村里没有电，没有公路，没有学校。如果不是走出大山来到山西，如果不是工会发现我、培养我，我不会取得今天的成绩。"回忆起自己的成长经历，吉克达富感触很深。

"我16岁走出大山来到山西，在山西建投一建集团做司索工。在这里，我认识了自己的第一个师傅——塔吊司机高建全。"吉克达富说，"我虽然只是一名普普通通的农民工，却被高耸入云的巨型塔吊机深深吸引。我当时就想，要学会开塔吊机。"

"在师傅的带领下，我开始拼命学技术，一年后在集团组织的技能大赛中取得了实操第一名的好成绩，但由于文化底子差，理论成绩得了最后一名。这样的反差引起了集团公司工会主席的重视，开始着重培养我，我的命运也从那时改写。"吉克达富激动地说。

在工会组织的培养下，吉克达富开始学习文化知识、提高理论水平，更加深了对工会组织的了解，知道了技术工人也能凭自己的努力走上更大的舞台。通过刻苦钻研，吉克达富在第四届全省职工职业技能大赛中获得了第一名，无论是专业水平还是理论水平都有了质的飞跃。除了自身不断进步，他这些年还先后带出30多名徒弟，其中有20多名是跟着他从四川大凉山走出来的农民工。

吉克达富表示，今后他一定会更加努力学习、提高技术，努力成为符合新时代发展需要的新型产业工人。

讨论与思考：

1. 从自信的角度解析吉克达富的职业素养。

2. 请结合自身情况，说一说你对职场中关于自信这一职业素养的理解。

【实训方法】

1. 完成下面的趣味测验。

趣味测验：

你是一个自卑的人吗？针对下面的问题请选择你认为适合自己的答案，用"√"勾出。

(1) 在商店里逛一圈之后什么也没买，你是否会感到内心不安？　　　　是☐　否☐

(2) 听见别人窃窃私语时，你是否经常怀疑别人在谈论自己？　　　　是☐　否☐

(3) 见到你讨厌的人遇到困难，你是否觉得心里很愉快？　　　　是☐　否☐

(4) 你是否经常羡慕别人的家庭？　　　　是☐　否☐

(5) 你是否会给自己不喜欢的人寄贺卡或送生日礼物？　　　　是☐　否☐

(6) 有时并不是你的错，你会不会向别人道歉？　　　　是☐　否☐

(7) 当你和别人闹矛盾时，你是否会责备自己？　　　　是☐　否☐

(8) 你是否经常花时间反思过去？　　　　是☐　否☐

(9) 你是否会尽量不做让别人不高兴的事？　　　　是☐　否☐

(10) 你是否觉得一个人独处时心情舒畅快乐？　　　　是☐　否☐

(11) 你是否认为你的家人对你感到失望？　　　　是☐　否☐

(12) 你是否不敢在公众场合表达自己的看法？　　　　是☐　否☐

(13) 你喜欢和年幼的人一起玩吗？　　　　是☐　否☐

(14) 你是否觉得自己渴望与人交往，但又害怕与人交往？　　　　是☐　否☐

(15) 你是否讨厌参加集体活动？

说明：选"是"计1分，选"否"不计分。

10~15分，表明你是一个非常自卑的人，对自己没有信心而且害怕与他人交往。

6~9分，表明你有轻度的自卑，对自己信心不够，满足于平庸的生活。

1~5分，表明你对自己是有信心的，只是有时稍有怀疑。

2. 完成下面的小游戏。

游戏——收获"糖弹"

(1) 学生分成若干小组，每组5~8人，每个学生准备10张纸条，在5分钟内，把赞美班内同学的话写在纸上，做成"糖弹"。

(2) 5分钟后大家把"糖弹"抛给赞美的同学，直到把手中的"糖弹"全部送完后，才能打开自己收到的"糖弹"。

(3) 组内交流自己收到的"糖弹"内容。

(4) 小组讨论：

①收到"糖弹"时与人目光接触时的感觉是什么？
②收到的"糖弹"是甜的还是有伤害的？
③当看到别人对自己的赞美时，你的感受如何？
④你是否还有赞美想送出去？

【任务评价】

结合实训目标，认真完成实训任务；然后结合个人自身情况，谈谈自己在各阶段关于职场主动的表现；最后结合自评或他评进行评分。

评分标准：1分=很不满意，2分=不满意，3分=一般，4分=满意，5分=很满意。

阶段	任务	个人表现	评分
学习阶段	自信是人生迈向成功的第一步。自信分为有条件的自信和无条件的自信。自信助力人生成功		
实践阶段	在职场的实践过程中，树立自信可分为两个阶段：第一个阶段是消除心中的自我怀疑，第二个阶段则是建立起自信		
反思阶段	在职场中，很多人在面对工作和职业发展时都缺乏自信。同时，表现自信时会陷入一些误区或犯一些错误		
提升阶段	在职场的初始阶段，我们首先要认识到自己的优势和价值所在，其次要正确地进行自我认知和树立自信心		
拓展阶段	自信是发自内心的自我肯定与相信。要想成就事业，就要有自信，有了自信才能产生勇气、力量和毅力，才有可能战胜困难，实现目标		

【实训要求与总结】

1.完成实训任务与评估。

2.通过实训小课堂，认知自信、培养自信、提升自信，具备职业人的良好职业素养，为实现职场成功做好准备。

思 考 题

1.什么是自信心？什么是自信？
2.简述如何正确进行自我认知。
3.简述树立自信的两个阶段。
4.在面对职业发展时缺乏自信应该如何处理？
5.提升自信的方法有哪些？
6.如何理解自信是发自内心的自我肯定与相信？
7.在职场中，应该如何让自己更自信？

职业信条六：沟通

——拥有良好的沟通能力才能够取得更好的成果

> 你不可以只生活在一个人的世界中，而应当尽量学会与各阶层的人交往和沟通，主动表达自己对各种事物的看法和意见。
>
> ——李开复

📖 学习阶段　沟通：并非无目的地讲话

沟通是人类集体活动的基石。无论在生活中，还是在工作中，沟通都非常重要。沟通并非无目的地讲话，而是基于明确目的而发生的社交行为。

无论你从事的是何种职业，你都需要与人打交道，需要与各式各样的人沟通。沟通带来理解，理解带来合作。如果不能有效地沟通，就无法理解对方的意图；如果不能正确理解对方的意图，就不可能进行有效的合作。因此，掌握职场上的沟通技巧，对于每一个人来说都尤为重要。

沟通——人类
活动的基石

一、初识沟通

沟通是人际交往中永恒的话题，而人际交往是职场的一个重要组成部分。工作中沟通得当可能事半功倍；反之，不仅人际关系可能出问题，自己也可能产生焦虑的情绪。

1. 沟通的定义和在职场中的作用

沟通是人与人之间、人与群体之间思想与感情的传递和反馈的过程，以求思想达成一致和感情的通畅。

沟通在职场中扮演着至关重要的角色，其作用主要体现在以下五个方面：

（1）互通信息和提高效率。沟通是信息交换的关键，无论是在企业的上下级之间、部门之间还是同事之间，有效的沟通都有助于快速达成共识和统一思想，促进工作的顺利进行。

（2）增进了解和解决矛盾。沟通是了解他人思想认识和工作状态的有效手段，可以消除隔阂，缩短心理距离，增进理解和信任。沟通有助于同事之间化解矛盾，避免不必要的麻烦，并建立相互信任的基础。

（3）凝聚团队合力。良好的沟通可以正向激励和促进团队团结。在企业管理中，畅通无阻的沟通渠道有助于传递信息和激励团队成员，增强内部凝聚力和工作动力。

（4）提升个人和组织的士气、敬业度、工作效率和满意度。有效的沟通技巧对于提高个人的工作满意度和组织的整体表现有重要的影响。建立良好的沟通机制，可以提升团队和组织的整体效能。

（5）融洽人际关系。沟通不仅是信息交换的手段，也是人际交往的基础。在工作环境和个人生活中，有效的沟通能够建立和谐的人际关系，营造更好的工作氛围，促进个人发展。

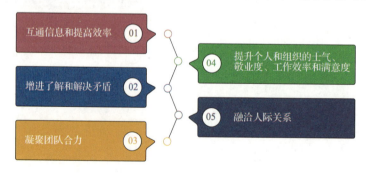

互通信息和提高效率　01
增进了解和解决矛盾　02
凝聚团队合力　03
04　提升个人和组织的士气、敬业度、工作效率和满意度
05　融洽人际关系

沟通是职场不可或缺的一部分，它不仅关乎信息的传递和任务的执行，更是建立良好人际关系、提升团队士气和效率的关键。

2. 沟通的类型与方式

（1）沟通的类型。职场沟通有多种类型，主要包括以下五种：

①面对面沟通。面对面沟通是一种直接交流的方式，包括会议、讨论、面试等。面对面沟通可以帮助职业人建立良好的人际关系，增强沟通的效果，提高工作效率。

②书面沟通。书面沟通是指通过书面方式进行交流的方式，包括通知、报告、电子邮件、信函、备忘录等。书面沟通既可以确保信息的准确性和完整性，也可以留下记录供日后查阅。

③非语言沟通。非语言沟通是指通过肢体语言、面部表情、声调等方式进行交流。非语言沟通可以传达更多的信息和情感，帮助建立更好的人际关系。

④跨文化沟通。跨文化沟通是在跨文化环境下进行的沟通。职场中的跨文化沟通包括跨国公司中的跨文化沟通、国际商务谈判中的跨文化沟通、多元文化团队中的沟通等。有效的跨文化沟通需要了解不同文化的背景、沟通习惯和价值观，尊重文化差异，并采取适当的沟通技巧与策略来减少误解和冲突，以确保有效沟通和交流。

⑤网络沟通。网络沟通是通过互联网进行的沟通，包括社交媒体、即时通信、视频会议等。网络沟通可以使人们迅速传递信息，提高工作效率和生产力。

（2）沟通的方式。沟通的方式多种多样，主要有正式沟通（如报告、会议）和非正式沟通（如闲聊等）两种。不同的沟通方式适用于不同的情境和目的。

3. 沟通的要素

沟通包括发送者、接收者、信息、渠道和反馈五个要素。发送者负责编码和发送信息，接收者负责解码和接收信息，并通过反馈来确认信息的准确性。信息是沟通的核心，渠道则是信息传递的媒介。

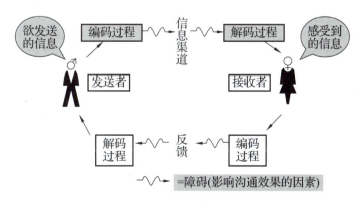

二、职场沟通

职场沟通是人际关系的核心，是实现组织目标和个人职业发展的关键因素。加强企业内部的沟通，既可以使管理层工作更加轻松，又可以使普通员工大幅度提高工作绩效，还可以增强企业的凝聚力和竞争力。

1. 职场沟通的概念

职场沟通是指在工作环境中所进行的沟通，包括与同事、上级、下属、客户等之间的交流。在职场沟通中，人们需要通过语言、文字、肢体语言等沟通方式进行交流和传递信息，以便更好地完成工作任务。

2. 职场的无效沟通和有效沟通

（1）无效沟通。

在职场中，无效沟通是一种常见的现象，它指的是沟通中存在障碍或无法达到预期效果的交流。职场中的无效沟通往往是由沟通双方缺乏共识、理解不足、沟通方式不当、信息传递不清等造成的。这种沟通不仅会浪费时间和精力，而且会对工作效率产生负面影响。

（2）有效沟通。

在职场中，有效沟通是关键技能。有效沟通可以让人们更好地与同事、上级和下属建立良好的人际关系，并在职业生涯中取得更大的成功。员工应与领导进行有效的沟通，建立互相尊重和理解的关系，确保信息的准确传递，避免误解和混淆，从而更快地达成工作目标。

 案例 6-1

与领导的有效沟通

由于小于对工作不够负责，领导找小于谈话："关于工作的事，我得跟你谈谈。上次那份总结报告，别的部门都交了，你迟了 3 天才交。就因为这 3 天，咱们部门受到了很大影响。你下次应该按照要求的时间完成任务。"小于："这个啊，我知道了。"

对于小于对同事不够关心的问题，领导说："上次小陈工作期间发烧到 39 度（摄氏度），你作为他的上级，应该主动关心一下。虽然他有缺点，但他带病坚持工作，这是很可贵的。主动问候、关心他，你可以做到吗？"小于："我可以做到。"

对于小于对顾客不够热情的问题，领导说："上次那个王老汉来投诉的时候，说话确实有点刻薄，但是他是咱们的老客户，小王经验不足，无法处理这样的问题，下次你亲自处理行不行？"小于："行。"

对于小于对领导不重视的问题，领导说："上次刘总来你们部门视察的时候，你可能对他不熟，没有主动汇报工作。你知道吗，他是咱们集团财务副总裁，你应主动汇报工作。"小于："好的，我以后会注意。"

【解析】案例中，小于基本上都能按照领导的要求工作。按照逻辑学的观点，当一个事物内涵越清晰时，外延就越小。与批评相反，表扬的时候不能太具体。表扬采用前连后推的办法，就是"今天"的事做得很好，把前面的事情连接起来，并推到将来。批评则采用前堵后截的方法，就是把错误局限在比较小的范围之内。

在提升沟通能力的时候，要学会批评指正。批评指正是有"价格"的，位处基层时，得到批评是免费的；位处中层时，得到批评是要付费的；位处高层时，得到批评是昂贵的，有时需要付出惨痛的代价。所以，在职业生涯初期，被批评不是坏事，而是一种学习。

📖 实践阶段 沟通：解决问题，增强合作

在现代职场中，沟通能力被广泛认为是一个人职业成功的重要指标之一。良好的沟通可以帮助我们建立良好的工作关系，解决冲突，加强合作，并在工作中取得成功。职场中，职业人要进行良好的沟通必须具备以下五大能力，即会倾听、会表达、会提问、会说服、会反馈。

沟通要具备
五大能力

一、会倾听

1. 抓住倾听的三个组成部分

倾听是沟通的开始。在倾听的过程中，要捕捉到关键信息，了解对方的兴趣和特点等，以更好地表达自己的看法或主张。

倾听并不等同于简单地"听"，它包括以下三个组成部分：

（1）正确接收信息。

①全面接收：全面接收信息，不能只听自己感兴趣的信息。

②排除干扰：不受外界环境干扰，专心地听取信息。

③"听""观"结合：不仅用耳朵听，还要用眼睛观察，注意观察说话者的表情、身体姿势。

④"耳""手"结合：好记性不如烂笔头，要及时把倾听到的重要信息记下来。

（2）正确筛选信息。

①抓取主旨法：抓住对方表达的主旨，就可以筛选出关键信息。

②关键词提取法：重点提取能够表达主旨的关键词汇和语句。

③过滤法：把一些无关紧要的、错误的、重复的、干扰的信息过滤出去。

（3）正确解读信息。

①领会深意：深入理解说话者的意图，听懂弦外之音。

②运用方法：运用多种分析工具来帮助自己理解，如采用分解树法、思维导图法等。

2. 找准影响倾听的十个因素

在职场沟通中，经常会出现表达信息和接收信息不对称的情况。之所以会出现这种情况，是因为人们在接收信息的过程中会受到环境因素、文化因素、态度因素、情绪因素、心理因素、表达因素、兴趣因素、时间因素、性格因素、理解因素的影响。这些因素或单一，或联合，影响着人们对信息的接收、筛选和解读。在实际沟通中，人们虽然不能完全避免上述因素的影响，但是可以通过一些技巧将这些因素造成的负面影响降至最低。

（1）环境因素。尽量选择较为安静的场合进行沟通。如果所处环境较为嘈杂，就应集中精神，注意倾听。

（2）文化因素。理解双方之间的文化差异，不带有文化歧视；接收不同文化背景下的信息时，应求同存异。

（3）态度因素。倾听时应保持积极、谦虚的态度，不要太过随意，更不能轻视对方。

（4）情绪因素。不带着不良情绪倾听，否则会阻碍信息的接收和理解。如果不良情绪已经存在，要化消极情绪为积极情绪。

（5）心理因素。倾听时，应摒弃抵触、厌恶、恐惧等不平和心理。

（6）表达因素。当对方表达不清楚，如口吃、发音不标准时，应投入更多精力倾听，或者通过提问、重复对方话语的方式进行信息确认。

（7）兴趣因素。不能只听自己感兴趣的内容，也不能只听感兴趣的人说话。

（8）时间因素。长时间倾听容易出现疲乏，可适当转移注意力以缓解疲乏。当对方表达了过多无用的信息耽误时间时，可适当引导对方谈及重点。

（9）性格因素。理解并接受沟通双方之间的性格差异。如果自己的性格比较急躁，更要注意培养倾听时的耐心。

（10）理解因素。当出现疑惑时，及时提问。不懂就是不懂，不要装懂。

3. 沟通中如何倾听

沟通前的"五问"，即明确定义、信息收集、定义转换、培养感觉、采取行动，针对的不是客户，而是自身。下面以业务员与客户沟通为例进行介绍。

（1）是否明确沟通的定义？

作为业务员，如果与客户沟通不畅，很容易把对方定义为恶劣、没素质、态度差，不懂得尊重他人、人品不好。事实上，一旦对对方进行负面定义，自身情绪也会随之变得焦急、难以掌控，沟通难以继续。

在沟通过程中，业务员要控制好自身情绪，仔细思考客户和自己的态度，通过初步诊断找出问题。

（2）是否了解对方要传递的信息？

找出沟通中出现的问题后，需要收集、了解客户传递的信息。

案例 6-2

补地毯洞

客户李先生从业务员小王处买了一块地毯，铺在客厅里。

一个月后，李先生找到小王："小王，这个地毯有瑕疵啊。"

小王问道："李先生，这个地毯有什么问题呢？"

"地毯中间有个洞。"

"我们卖出去的地毯都保证质量，不可能有这样的问题。"

"可现在就是有个洞在那儿啊。"

两个人开始争执起来。后来，公司老总知道了这件事情，对小王说："你还没有完全了解李先生的情况，不要与客户争论，先把问题搞清楚。"然后对李先生说："李先生，对不起，我们没有管理好员工，给您添麻烦了。您有没有带地毯的照片？我们看一下问题出在哪里。"

李先生说："没什么，我只是来找业务员，请你们把地毯洞补上。"

最终，公司花很少的费用替李先生将地毯上的洞补好了，李先生非常满意。

【解析】业务员小王没有真正了解李先生传达的信息及需求，导致长时间的争执，这是非常不可取的行为，极易导致客户产生愤怒情绪。

（3）应该如何转换沟通定义？

有的业务员不能正确定位客户的立场，有时客户只是希望业务员提供更多信息，却被理解为不尊重对方。所以，业务员应当适时进行定义转换，保持良好情绪，提高情商。

（4）如何让沟通双方感觉良好？

沟通要让双方感觉良好。为了达到这一目的，首先要消除自身的负面情绪。情绪是自身能量的表现，是可以传递的。当自身情绪愉快时，容易感染、带动周围的人，反之亦然。所以，请调整好自己的情绪，给对方带来积极影响。

（5）应该采取什么方式与对方沟通？不同的沟通方式，会给对方不同的感觉。通过正确的沟通方式，使双方获得良好地感觉，有效解决问题。

二、会表达

良好的表达能力是现代职场人的必备利器之一。提升表达能力，可以从以下六个方面入手：

（1）锻炼非凡的口才和胆识。有意识地训练自己谈话时的心理素质，勇于表达自己的观点和见解。

（2）营造和谐的气氛。使用轻松、友好的开场白，在表达时充分考虑对方的接受程度。

（3）引起强烈的共鸣。

①一致法：积极寻求对方的认同，表示自己和对方站在同一立场。

②换位法：站在对方的角度思考，以对方能够认同的表达方式谈话。

③互动法：遵循双向的谈话模式，和对方充分互动。

（4）展现有魅力的声音。音量适中，声音要抑扬顿挫，不能从头到尾不变；音调要不高不低，语速要不快不慢、不急不缓。

（5）辅以恰当的演示。演示要以目的为导向、以主题为导向、以结果为导向，不能徒劳演示。

（6）运用传神的肢体语言。

三、会提问

会提问，包括分清问的对象和场合，以及选择恰当的问题类型。

1. 分清问的对象和场合

提问不能随心所欲，必须考虑提问的对象和场合。对象因人而异，场合因事而异，这决定了人们提问方式与内容的差异。

2. 选择恰当的问题类型

分清提问的对象和场合后，就需要选择与之相匹配的问题类型。按照提问的需求，大致可以将问题分为以下几种类型。

序号	问题类型	适用情况及注意事项
1	激发对方情感的问题	适用情况：较为熟悉的沟通对象和更为私密的沟通场合。 注意事项： （1）提问的方向具有很强的针对性。 （2）注意循序渐进、积极引导，注意观察对方的情绪变化和心情波动
2	造成对方压力的问题	适用情况：想要对方做出某项决定、选择或者接受某一观点时。 注意事项：尽量做到语调柔和、措辞达意得体，以免给对方留下强加于人的印象
3	启发对方思维的问题	适用情况：对方思维受阻时。 注意事项：在提问过程中，可以采用设问，启发对方的思维
4	引导谈话方向的问题	适用情况：向下级或客户提问。 注意事项： （1）掌握沟通的主动权。 （2）自然、合理地引导，刻意为之往往得不偿失
5	辨别问题实质的问题	适用情况：在事实模糊不清或自身不能确认问题实质，获得事情的真相时。 注意事项：用"为什么""为何""是不是这样"等词语
6	促进对方改进的问题	适用情况：化解问题、改进方法时。 注意事项：先提出改进建议或方法，再征询对方的意见，不要采取强压的态度
7	强化双方共识的问题	适用情况：将沟通的结果单独进行提问，以便确认时。 注意事项：这类问题不宜过多，以免引起对方的反感
8	确认对方需求的问题	适用情况：获得并确认对方的需求时。 注意事项：一定要在了解双方需求的基础上进行，只有这样才可能达成共识

四、会说服

1. 取得对方的信任

信任是成功说服的基础。要想取得对方的信任并不难，可以先通过认真倾听拉近彼此之间的距离，再有针对性地迎合对方，以彻底"俘获人心"。迎合对方可以让对方产生一种被尊重和被赞同感，是取得对方信任的一种有效方法。迎合对方的表现方式有三种，即重复对方的话、表示理解和表示认同。

2. 寻找最佳突破点

找准最佳突破口会使说服事半功倍。而说服的初衷和落脚点都离不开说服的对象，所以，要想寻找最佳突破口就需要了解对方的个性和特质。

（1）了解对方性格。说服别人的最终目的是让对方接受自己的观点。不同性格的人对于接受他人意见的敏感程度不一样。越容易被说服的人，其敏感程度越低；而越难被说服的人，其敏感程度越高。但无论对方是什么样的人，只要掌握了其性格特点，有针对性地进行说服，就能取得事半功倍的效果。

（2）掌握对方长处。从对方的长处入手进行沟通，往往更能引起对方谈话的兴趣。对方的长处往往可以被转变为说服对方的强有力条件。

（3）了解对方兴趣。每个人都喜欢谈论自己感兴趣的话题或事物。在沟通过程中，当谈论到对方感兴趣的内容时，对方的敏感度与戒备心理就会降低，以此为突破口，能够成功说服对方。

（4）把握对方想法。在沟通过程中，对方所坚持的个人想法往往是影响说服效果的关键所在。因此，你可以通过提问的方式把握对方的真实想法。把握住对方的真实想法，就能从对方的角度出发进行说服，有利于提高说服的成功率。

（5）关注对方情绪。在沟通过程中，要时刻关注对方的情绪变化。对方的情绪波动直接影响说服的效果。在沟通过程中，对方的情绪主要受以下三方面因素影响。

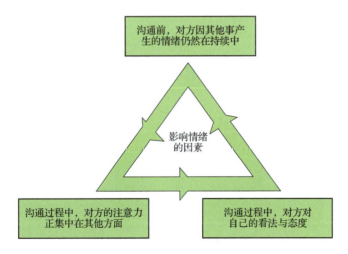

五、会反馈

1. 反馈之前先定位

反馈通常以一对一或者一对多的交流形式展开。反馈作为互动交流的重要组成部分，可以在很大程度上引导人们在特定情境中做出正确的行为，是增强自身影响力的有效途径，也是增进双方关系的纽带和桥梁。

在反馈过程中，定位是展开反馈的第一步。精准定位后，再有的放矢地制定反馈策略，按照反馈策略展开反馈行动，进入沟通的实际阶段。

那么，如何才能在反馈之前进行精准的定位呢？可以从以下六个方面入手：

（1）以结果为导向。从最终想收获的结果反推起始的定位，保证定位不偏不倚。

（2）分析反馈对象。从反馈对象的性格、身份等特征定位反馈的方式和方法。

（3）营造适宜环境。从环境入手定位反馈的风格和谈话的方式。

（4）善用沟通技巧。掌握必备的沟通技巧，精准定位反馈的内容和方式。

（5）描述改进行为。向反馈对象描述具体的改进行为，定位反馈活动的目标和实质。

（6）达成一致目标。力争和反馈对象达成一致目标，精准定位反馈活动的目标和实质。

2. 提供反馈有方式

反馈的内容具有多样性，反馈的对象具有差异性，所以有效反馈的方式不尽相同，大致可以分为以下六种。

（1）自我寻求的反馈方式。反馈者希望在沟通过程中寻求自我意识、自我肯定的一种反馈方式。

【示例】

反馈者：你在听我说话吧？

对方：在听。

反馈者：你认可我所说的话吧？

（2）寻求反复的反馈方式。这种方式一般适用于两种情况：一是反馈者没有听清楚对方的谈话内容；二是需要对重要事项进行确认。

【示例】

反馈者：不好意思，你刚刚说的是不是××？我没听清楚。

对方：是的。

反馈者：是××，你确定？

（3）复述内容的反馈方式。反馈者将对方的谈话内容复述一遍，在进一步确认信息的同时也易于引起对方强烈的共鸣。

【示例】

对方：我终于完成任务了。

反馈者：你终于完成任务啦，真是太好啦！

（4）表示同意的反馈方式。反馈者肯定或认可对方的谈话内容或行为，并让对方明确知晓。

【示例】

口头语言：是，很好，不错，可以……

肢体语言：点头、微笑、颌首……

（5）纠正对方的反馈方式。反馈者不认可对方的谈话内容或行为，并提出意见或建议。

【示例】

口头语言：不行，不对，不够好……

肢体语言：摇头、皱眉、用手势打断对方……

（6）表示愉快的反馈方式。反馈者为了营造氛围、拉近彼此之间的距离、鼓励对方，用赞扬或认同的方式表达自己的内心感受。

【示例】

对方：……

反馈者：哈哈，你真是太幽默了，和你沟通真是太舒畅啦！

3.给予反馈有步骤

反馈作为沟通的重要组成部分，既是表达自己观点和见解的方式，也是增进双方感情的桥梁。具体步骤如下：

（1）给予反馈的过程就是和对方进行交流的过程，这在很大程度上可以促进工作关系的改善。

（2）给予反馈的内容在一定程度上会涉及人们完成工作的方式，有效反馈可以起到优化工作过程的作用。

（3）给予反馈的目的可能会指向可衡量的工作结果，有效的反馈可能会带来更完美的结果。

综上所述，良好的沟通需要具备积极倾听、清晰表达、恰当提问、成功说服和有效反馈等能力。为了在职场中取得成功，职业人需要不断发展和强化这些能力。而这些能力的提升需要持续的努力和实践。具备这些能力不仅可以提升个人的影响力，还可以提升团队合作效率，构建良好的工作关系。

反思阶段 沟通：避免误区，跨越障碍

无论是在工作场所还是在日常生活中，沟通都是实现目标、解决问题、建立关系的关键。然而，由于个体差异、文化差异、语言障碍、技术问题等的影响，沟通可能会出现障碍。

职场中，领导与员工之间的沟通是企业管理中非常重要的一环。如果沟通不畅会导致员工对领导的不信任，影响企业的工作效率和员工的工作积极性。

一、了解职场中常见的沟通误区

沟通是一把锋利的双刃剑，在沟通过程中，如果说了不应该说的话、表达的个人观点过于偏激、冒犯了他人的合理性权威、个性过于沉闷，都会直接影响沟通的效果。那么，对职业人来说，在职场沟通中到底有哪些误区呢？

误区一：缺少对谈话双方的充分尊重

为了避免进入对抗状态，你需要做些努力——尊重你的谈话对象，当然也要尊重你自

己。如果你的谈话对象公开挑衅你，那么你要确保你回应的方式不会让你失态。

误区二：试图将问题简单化

我们可以把讨论的问题简单化。如果问题本身不太复杂，为了避免将问题过于简单化，请提醒自己：或许这个问题谈论起来并不会很简单。

误区三：猛烈抨击对方或者结束谈话

在沟通过程中，双方都不想表现出不悦、恐惧、气愤、尴尬和反击等负面情绪。有人在谈话对象面前表现得过于激动，甚至可能出现双方针锋相对的情况。这时，你需要缓和一下气氛，说出你真正想表达的内容。

误区四：我们上钩了

金无足赤，人无完人。如果对方发现了你的弱点，或许你的缺点跟工作有关，你觉得你没有得到应有的尊重，或者这个缺点可能是极为私密的，这时沟通的氛围就会变得紧张。我们应该对自己进行审视，清楚自己的弱点，这样在别人刺到你的痛处时你就可以冷静面对。

误区五：耍阴谋诡计

在谈话中，你打算避开作战状态，但并不意味着你的谈话对象也这样想，如撒谎、威胁、敷衍、哭喊、挖苦、吵闹、指责和冒犯等类似的阴谋诡计，都可能出现在艰难谈话中。此时你应想办法来应对，包括被动反攻和主动出击。比如，如果你的谈话对象沉默不语，你可以直接说："我不知道该如何理解你的沉默。"

误区六：猜测对方的意图

乐观的人认为，谈话中的每一次分歧都是两个善意人之间的误解；而悲观的人认为，意见分歧实际上是一种恶意的攻击。在沟通遇到阻碍的情况下，我们往往会忘记其实我们不必去猜测任何人的意图，只要清楚自己的意图就好。

 案例 6-3

上级究竟是什么意思呢？

一次谈话中，上级对下属说道："你的绩效这一季度比上一季度低，我希望你再加点油。"下属听到后，仿佛听到了裁员的声音，他心里想：如果再落后的话，我就要被解雇了。

【解析】其实上级只是在讲一句鼓励的话，是想让下属再努力一点，而且相信下属一定能做到。但下属则因为上级讲话时强硬的语气、严肃的表情等因素有了错误的理解，以为这是上级的威胁。

由此可见，如果上级能够通过具体量化的语言，准确地表达出自己的意思，就不会产生案例中的无效沟通。

误区七：不懂得注意场合，方式失当

上级正陪同重量级客户参观公司，而你却气势汹汹地地跑过去盘问自己的"四金"从什么时候开始交，上级一定会觉得你这个人"拎不清"；开会的时候你总是闷着不吭一声，可散会之后却不禁对会议上决定的事情絮絮叨叨地发表观点，这当然会不可避免地引起他人对你的反感……不懂得注意场合、方式的沟通难逃失败的结局。你在沟通中要学会察言观色，懂得在合适的场合、用适当的方式来表达个人的观点，能够与他人商讨共同解决各种有关工作中的问题。

误区八：仅凭个人主观意愿想当然地处理问题

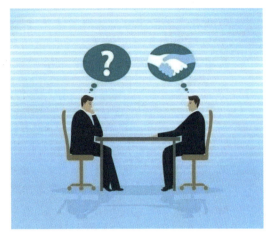

有些人由于性格内向或是太要面子，在工作中遇到问题，或者遇到个人力量不能解决的困难，或是对上级传达的任务、指令不明白时，他们不是去找领导或同事把情况弄清楚，而是单凭自己个人的主观意愿来理解和处理问题。作为职业人，千万别想当然地处理自己还不清楚的问题，要多向有经验的领导以及同事请教，如此一来不仅可以减少工作中出现差错的概率，还可以加强与团队的密切沟通，快速融入团队。

二、如何处理职场人际沟通障碍问题

在人际交往中，面对不同性格，不同成长、文化背景的人，沟通障碍是难以避免的。但是，良好的沟通是相互理解和协作的基础，所以在生活和工作中，寻求沟通障碍的解决办法就显得格外重要。因此，我们需要了解不同的沟通障碍类型，找到其产生的根源。在职场中，人际沟通障碍问题包括沟通的阻碍、难以理解对方的意图和意见、情绪不稳定等。这些问题可能源于多种因素，如性格差异、文化差异、语言差异等。

 趣味测验

测测你的沟通能力

沟通是我们日常生活中所必需的活动，通过沟通我们可以获取更多的信息，得到更好的机会，结交更多的朋友，更深入地了解社会。想了解你的沟通能力吗？请用5分钟时间完成下面问题，选出你认可的做法。

根据你的情况选择：

1.当他人和我的想法不一致时，我不会心烦，特别是当他人没有经验时。（　　）

A.大部分　　B.经常　　C.有时　　D.很少　　E.从来不

2.当我指责别人时，我提到的是他的行为，而不是针对他人本身，即在工作中对事不对人。（　　）

A.大部分　　B.经常　　C.有时　　D.很少　　E.从来不

3.处理问题时，我能够控制自己的情绪。（　　）

A.大部分　　B.经常　　C.有时　　D.很少　　E.从来不

4.提供充分的信息让别人明白，我很在乎这件事。（　　）

A.大部分　　B.经常　　C.有时　　D.很少　　E.从来不

5. 当下级的工作有所成就时，我能够及时表扬他们。（　　　）
A. 大部分　　　B. 经常　　　C. 有时　　　D. 很少　　　E. 从来不

6. 在和下属交流时，我能够清楚地理解他们的想法。（　　　）
A. 大部分　　　B. 经常　　　C. 有时　　　D. 很少　　　E. 从来不

7. 当我不明白一个问题时，我会请求别人帮助。（　　　）
A. 大部分　　　B. 经常　　　C. 有时　　　D. 很少　　　E. 从来不

8. 和他人交流时，我能够做出反馈或反应，这样会避免他人独白的感觉。（　　　）
A. 大部分　　　B. 经常　　　C. 有时　　　D. 很少　　　E. 从来不

9. 在沟通出现争议时，我能够改变话题。（　　　）
A. 大部分　　　B. 经常　　　C. 有时　　　D. 很少　　　E. 从来不

10. 在给别人打电话时，我能避免向对方提要求。（　　　）
A. 大部分　　　B. 经常　　　C. 有时　　　D. 很少　　　E. 从来不

11. 在交流中，我与对方保持目光交流。（　　　）
A. 大部分　　　B. 经常　　　C. 有时　　　D. 很少　　　E. 从来不

12. 在与他人交流时，我可以让对方陷入思考，对方也会说："这是个不错的问题。"（　　　）
A. 大部分　　　B. 经常　　　C. 有时　　　D. 很少　　　E. 从来不

13. 有些问题我会易位而处，从他人的角度思考和理解。（　　　）
A. 大部分　　　B. 经常　　　C. 有时　　　D. 很少　　　E. 从来不

14. 沟通中，即使我的想法不被采纳，我也会认真听取对方的意见。（　　　）
A. 大部分　　　B. 经常　　　C. 有时　　　D. 很少　　　E. 从来不

15. 在谈话中，我可以通过观察了解别人的态度。（　　　）
A. 大部分　　　B. 经常　　　C. 有时　　　D. 很少　　　E. 从来不

结果分析（本分析仅供参考）：

选择 A 的次数多于 9 次，表示你已经掌握了部分沟通技巧。

选择 B、C 中任何一项多于 9 次，表示你还应该加强学习沟通技巧，提升自己的沟通能力。

选择 D 和 E 中任何一项多于 9 次，说明你的沟通能力亟待提高。

📖 提升阶段 沟通：学会沟通，合作共赢

在竞争激烈的社会中，具备良好的沟通能力是取得成功的关键之一。它不仅有助于解决问题、合作共赢，更能够在人际关系中取得更大的优势。积极倾听、言简意赅、注重非语言沟通等方法和技巧的培养，可以提升个体在各个领域的沟通能力。

一、积极倾听

沟通并不仅仅是表达自己的观点，更包括理解他人。积极倾听是培养沟通技巧的基础。当与他人交流时，应该专注地听取对方的意见和观点。通过倾听，你能更好地理解他人的需求，建立起互信的基础。

二、言简意赅

清晰而简洁的表达是高效沟通的关键。学会用简练的语言表达自己的观点，避免冗长的叙述，有助于确保对方更好地理解你的意图，减少误解。

三、注重非语言沟通

非语言沟通，如肢体语言、面部表情和声音语调，同样是沟通的一部分。培养良好的非语言沟通能力可以增强你的表达效果，使对方更容易理解你的情感和态度。

四、善用反馈

及时、有效的反馈是沟通过程中的关键环节。这里的反馈指在沟通过程中，及时地、诚实地、具体地、建设性地向他人反馈自己的观察、评价、建议等，并表达自己的支持和期待。在沟通中我们不仅要接受他人的反馈，也要善于给予反馈。通过反馈，你能够了解自己在沟通中的不足，并及时调整自己的表达方式。

五、适应对方沟通风格

适应对方沟通风格是指在沟通过程中，根据自己的性格和目的、场合、对象等因素，选择合适的语言、语气、表情、姿势等与他人互动。沟通风格可以分为主动型、被动型、侵略型和回避型四种。不同类型的沟通风格具有不同的特点和适用范围。有的人更喜欢直接明了的表达，而有的人可能更倾向于细致入微的交流。

了解并适应对方的沟通风格是建立良好沟通关系的重要步骤，有助于调整自己的表达方式，使沟通更为顺畅。这是一种适应不同情境和对象的沟通技巧。

六、培养情绪管理能力

情绪是影响沟通的重要因素。学会有效地管理自己的情绪，不被情绪左右，是培养良好沟通能力的关键。当面对冲突或压力时，冷静地思考并控制情绪，有助于保持理性的沟通。

七、不断学习和提升

职场沟通是一项复杂的技能，需要不断学习和提高。例如，阅读相关的书籍、参与相关培训、向有经验的人请教，都是提高沟通技巧和能力的途径。职业人应不断学习新的沟通技巧，并将其运用到实践中，这有助于不断提升自己的沟通水平。

八、建立信任关系

在职场沟通中，信任是至关重要的。如果彼此之间没有足够的信任，那么就很难建立合作关系。因此，我们需要尽可能展现出自己的诚信，同时要尊重对方的隐私和个人空间，以建立良好的信任关系。

案例 6-4

在一家跨国科技公司，新上任的项目经理李华面临着前所未有的挑战。公司正在开发一款全新的智能家居产品，该项目涉及研发、设计、市场和销售等多个部门。每个部门都有自己的KPI和优先级，导致项目初期沟通不畅，进度缓慢，甚至出现了一些小范围的冲突。

为了尽快推进项目，李华采取了一系列措施：

（1）组织了一次全体会议，邀请所有相关部门的关键成员参加。会上，李华坦诚地分享了项目的愿景、市场机遇以及面临的挑战，并明确提出了项目的最终目标和各阶段的里程碑。李华通过开放式讨论，鼓励各部门员工提出自己的担忧和建议，确保信息在团队内部透明流通。

（2）定期组织项目协调会议。会议由李华主持，确保各部门之间的有效沟通。会议上，各部门汇报进度，分享经验，共同解决问题。

（3）引入"问题追踪系统"。通过"问题追踪系统"，对会议中提出的问题进行记录、分配责任人和设定解决期限，确保每个问题都有明确的跟进和反馈。

（4）与同事沟通，建立信任。李华利用非工作时间，如午休时间或团队建设活动，与团队成员一对一交流，了解他们的职业背景、兴趣爱好，以及对项目的看法和期望。

（5）展示同理心。李华对团队成员的工作成绩给予正面反馈，对成员遇到的困难表示理解和支持，获得了成员的信任。

（6）强化共同价值观和团队精神。李华组织团队建设活动，如户外拓展、志愿服务等，通过共同完成任务来增强团队协作能力，加深成员彼此间的了解和信任。李华强调项目的成功不仅仅是个人的努力，更是整个团队共同努力的结果，倡导"我们"而非"我"的文化。

经过几个月的努力，项目团队内部的凝聚力显著增强。跨部门之间的沟通变得更加顺畅，团队成员之间形成了良好的合作氛围。项目团队按时完成了任务，产品上市后获得了市场的积极反馈，销量超出预期。更重要的是，项目完成过程中的沟通方式为公司后续的其他项目提供了宝贵的经验。

综上所述，不论是在职场还是在生活中，我们都应不断地努力提升自己的沟通技巧和能力，使之成为一种强大的个人优势。一个具备良好沟通能力的个体能够更好地与他人合作、解决问题，并建立良好的人际关系。

拓展阶段 沟通：要沟通更要高效沟通

在日常生活和工作中，必须通过与他人沟通来达到目的。而选择什么样的沟通方式、沟通技巧，往往决定了你的沟通成效。

在职场中，沟通效果的好坏决定了你的工作效率。比如，在工作中需要其他部门配合完成的项目，项目前期的沟通要阐述清楚项目内容、如何分工、进度期限等。如果初步沟通不到位，分工不清楚，时间安排冲突、项目具体事项无人落实等情况会不可避免地出现。

下面将从沟通方向、角色定位两方面进行探讨。

一、沟通方向

从职场角度看，无论你从事什么工作，身处什么岗位，沟通都可以从三个方向进行，即向上沟通、平行沟通、向下沟通。

1. 向上沟通

向上沟通即向上一级领导进行沟通交流。不会向上汇报工作，你的工作业绩就是零。

方式：工作汇报、请示、日常交谈等。其中，工作汇报是职场中和上级沟通最常见的场景。

原则：打好腹稿、突出重点、重视反馈、记录要点。也就是说，跟领导沟通要用简短的语言，说清楚你要传达的信息；根据领导的反应，对其感兴趣的内容适当地展开；在交谈过程中要记录要点，这些要点包括态度、看法、指示等；向上级汇报工作时，要把每一次沟通汇报当成展示自己的机会。

定位：上级关注公司和整个部门的策略，分享自己想法和建议时要与大局相结合；上级希望下属提出方案而不是问题。

向上沟通的注意事项如下：

（1）主动汇报：沟通应简洁、主动。

（2）准备充分：避免问到相关内容一问三不知。

（3）效率第一：职场沟通效率为上，沟通时间提前计划好。

（4）重点突出：沟通汇报时突出重点，让上级清楚你的目的。

（5）进度汇报：工作进展也要随时沟通，让上级知晓工作进行到了哪一步。

（6）把握轻重：遇到问题、危机不要瞒报。

（7）要多请示：忌不请示上级自行决定。

（8）数字说话：一堆的解释，不如数据直观、有说服力。

（9）简明扼要：沟通时逻辑清晰，表达有条理。

（10）复述要点：如果沟通内容较多需复述一下要点。

（11）总结内容：沟通的内容既要关联后续行动，又要有总结，以便让上级对你汇报的内容更清晰。

2. 平行沟通

平行沟通指的是同岗位或跨部门之间的沟通。

方式：工作对接、协商、咨询、日常交谈等。

原则：明确目的、换位思考、态度真诚、表明立场。在明确自己沟通的目标后，站在对方的角度去交流，同时态度要真诚，注意公私分明，不同的话题选择不同的沟通场合。

平行沟通的注意事项如下：

（1）秉持合作、平等、共赢的态度。

（2）不推卸责任，共同解决问题。

（3）平时多注意交流，信息及时共享。

3. 向下沟通

向下沟通指的是与本部门下级职能人员或跨部门下级职能人员的沟通。

方式：工作布置、管理指导、问询、日常交谈等。

原则：明确目的、换位思考、态度真诚、互动交流。在与下属沟通时，要尽量营造舒适的谈话氛围，明确谈话目的，注意倾听，以能交换双方的真实意愿为交谈原则。

定位：自身的业绩达成和个人成长提升。

向下沟通的注意事项如下：

（1）布置工作任务时目标清晰。

（2）描述问题要具体。

（3）提出建议时要客观。

（4）获得下属信任，维护下属自尊心。

案例 6-5

某科技公司市场部经理张先生，负责管理一个由 10 名市场专员组成的团队。近期，公司计划推出一款新产品，并希望市场部能在 3 个月内完成市场调研、竞品分析、推广策略制定等一系列工作。由于时间紧迫且任务繁重，张先生决定召开一次团队会议，与下属进行深入的沟通。

会上，张先生首先向团队明确了公司的整体目标以及市场部需要完成的任务和时间节点。他强调了新产品对公司未来发展的重要性，并鼓励团队成员全力以赴。他根据团队成员的专业能力和兴趣点，将任务细分为市场调研、竞品分析、推广策略制定等几个部分。他为每个部分指定了负责人，并明确了每个人的具体职责和期望成果。

在分配任务后，张先生请团队成员提出疑问、建议和担忧。他耐心倾听每个人的发言，并给予积极的反馈和解答。对于合理的建议，他会当场采纳，或是记录下来表示会进一步考虑。

张先生向团队介绍了公司可以提供的资源，如市场调研工具、竞品分析数据等。同时，他承诺在团队遇到问题时，他会提供必要的支持和帮助。

张先生与团队商定了定期汇报和沟通的机制，如每周一次的团队会议和随时可进行的线上沟通。他鼓励团队成员之间也要保持沟通，共同解决问题。

在会议结束时，张先生对团队成员表示了感谢和信任。他提到，如果团队能够按时完成任务并取得良好成果，公司将给予相应的奖励和表彰。

通过这次有效的向下沟通，张先生不仅明确了团队的目标和任务，还增强了团队成员的责任感和归属感，团队成员之间建立了良好的合作关系，沟通更加顺畅。在后续的工作中，团队成员积极投入，按时完成了各项任务，为公司新产品的成功推出奠定了坚实的基础。

二、角色定位

在日常沟通过程中，我们都会对自己进行角色定位，即以何种身份进行交流。其实很多时候沟通不成功，往往是一方的角色定位不恰当而导致的。比如，领导与下属沟通，如果领导认为此次交谈是上级对下属的工作安排或指导，那么在交谈过程中应采取与身份相符的语气、态度。

下面以下属辞职前与上级的交谈为例进行介绍。

1. 上下级关系

【示例】

（敲门）

王总：请进。

小李：王总你好，这是我的辞职报告。（站在办公桌前）

王总：辞职？工作干得好好的，为什么突然辞职？

小李：我觉得自己不适合这份工作。

王总：之前干得挺不错的，要不再考虑几天？

小李：不了，我想得很清楚了。

王总：那好吧，我尊重你的决定。祝你找到满意的工作。（握手，接过辞职报告）

2. 朋友关系

【示例】

（敲门）

王总：请进。

小李：王总你好，这是我的辞职报告。（站在办公桌前）

王总：辞职？（起身离开办公桌）先坐下聊聊。（请小李入座）

小李：我觉得自己不适合这份工作。（坐在茶桌前）

王总：小李，你来公司有3年了吧？（泡上一杯茶）

小李：嗯。（接过茶杯）

王总：你之前干得挺不错的，突然辞职，让我感到很意外。能告诉我原因吗？

小李：没什么特别的原因，只是在这岗位做了3年，想趁着年轻去尝试一下新的挑战。

王总：我记得你今年才29岁吧？

小李：是的，没想到王总你也知道。

王总：3年是个瓶颈，无论公司还是个人。虽然你没有获得晋升，但是你的工作能力是大家有目共睹的。要不是近几年市场萎缩，公司规模没能扩大，你早该升任主管了。

小李：其他同事也很优秀。

王总：要不这样，你先别急着离职。可以尝试调岗到销售部，原有的岗位薪酬给予保留，同时有业绩提成。以你的能力能获得更高的收入，晋升机会也更大。

小李：不了，我想得很清楚了。

王总：那好吧，我尊重你的决定。祝你找到满意的工作。（握手，接过辞职报告）

上面两个例子，虽然结果一样，但是沟通过程中得到的反馈是完全不一样的。现实中我们应采用正确的角色定位进行沟通，会带来更好的结果。

素养加油站

沟通的内涵

沟通是指通过语言、文字、肢体语言等方式，将信息、思想、情感在个人或群体之间进行传递，并达成共同协议的过程。沟通的基本内涵是：双向交流、意义明确、尊重信任、积极反馈、目标一致。

（1）双向交流。沟通应该是双向的，即信息应该能够双向传递。只有这样，双方才能知道对方的想法和需求，进而做出适当的反应。

（2）意义明确。沟通中的语言要清晰明了，表达的意思要明确，避免产生歧义或误解。

（3）尊重信任。沟通应该是在尊重和信任的基础上进行的。只有双方都愿意倾听和理解对方的观点，才能建立起有效的沟通渠道。

（4）积极反馈。沟通过程中应该给予积极的反馈，让对方感受到被重视和关心。同时，要接受对方的反馈，以便不断调整自己的表达方式。

（5）目标一致。沟通双方的目标应该是一致的，都是为了达成某种共同的目标。这样才能保证沟通的有效性，避免出现不必要的矛盾和冲突。

总的来说，沟通的内涵是通过在交流中传达更深入、更富有含义和更有力量的信息，以实现更有效的沟通和理解。

实训小课堂

【实训目标】

知识目标：

1. 了解沟通、职场沟通以及职场的有效沟通的内涵。
2. 掌握职场有效沟通的要点。
3. 掌握良好沟通的五大能力。
4. 了解职场中常见的沟通误区。

能力目标：

1. 能够理解沟通、职场沟通以及职场的有效沟通的内涵。
2. 能够处理职场人际沟通障碍问题。
3. 能够掌握职场沟通技巧。

素质目标：

1. 具备沟通的良好品质。
2. 培养职场沟通意识。
3. 培养良好的沟通能力。

唐敏的故事

【实训案例】

唐敏：用沟通搭建心灵的桥梁

从教 20 余年，唐敏秉持初心、兢兢业业，是领导眼中认真负责的教师，也是学生心里指明前行方向的好老师，他就是江永县一中化学教师唐敏。

课堂上的唐敏，认真讲课时透着自信，眼神中露出光芒。他的课堂教学风格生动有趣，书本上的化学知识在他轻松愉悦的讲解下，显得更加立体，不仅让学生掌握起来更轻松，也让学生打开了思维的大门。

为了能够提高教学质量，唐敏在教学过程中不断摸索适合学生的教学方法，从讲台上走下来，与学生打成一片。这也使他得到了学校师生的一致好评。

唐敏自 2004 年参加工作以来，便一直担任化学教师和班主任工作。在教书育人上兢兢业业，严格要求自己，甘于付出，敢挑重担。在 2019 年时，他带的 386 班全班 56 人全部考上一本。他自己每年都获得学校的"优秀班主任"称号；多次获得"优秀教师""魅力班主任""十佳班主任""县优秀教学教研能手""县优秀共产党员""永州市优秀班主任"等荣誉称号。

唐敏说，他始终相信每一个学生都能走出自己的道路，所以他尽力了解每个学生的性格，一路探究教育的门道，就是希望看到每一个学生在阳光下绚丽光彩。

讨论与思考：

1. 从沟通的角度解析唐敏的职业素养。
2. 请结合自身情况，说一说你对职场中关于沟通这一职业素养的理解。

【实训方法】

1. 结合案例资料，完成讨论与思考。

2. 汇总你当前工作中遇到的各类问题，向导师或其他同学请教，认真倾听并准确把握导师或其他同学的指导要点，制订个人工作改进计划。

工作中遇到的问题	导师或其他同学指导要点	改进计划

3. 结合案例资料，围绕自己感触最为深刻的一点，阐述你的观点和建议。

【任务评价】

结合实训目标，认真完成实训任务；然后结合个人自身情况，谈谈自己在各阶段关于职场沟通的表现；最后结合自评或他评进行评分。

评分标准：1分＝很不满意，2分＝不满意，3分＝一般，4分＝满意，5分＝很满意。

阶段	任务	个人表现	评分
学习阶段	沟通是人际交往中的永恒话题，而人际交往是职场的一个重要组成部分。沟通在职场中扮演着至关重要的角色，因此，我们有必要了解沟通、职场沟通以及职场的有效沟通等的相关内涵		
实践阶段	良好的沟通可以帮助我们建立良好的工作关系，解决冲突，加强合作，并在工作中取得成功。职场中，要进行良好的沟通就要具备倾听、表达、提问、说服和反馈这五大能力		
反思阶段	无论是在工作场所还是在日常生活中，沟通都是实现目标、解决问题、建立关系的关键。因此，我们要了解职场中常见的沟通误区，能够处理职场人际沟通障碍问题，掌握职场沟通技巧，取得更好的职业和个人发展		
提升阶段	在竞争激烈的社会中，具备良好的沟通能力是取得成功的关键之一。积极倾听、言简意赅、注重非语言沟通等方法和技巧的培养，可以提升个体在各个领域的沟通能力		
拓展阶段	在日常生活和工作中，必须通过与他人沟通来达到目的。而角色定位、沟通方向往往决定了你的沟通成效		

【实训要求与总结】

1. 完成实训任务与评估。

2. 通过实训小课堂，在理论知识和职业技能方面都获得提升，从而具备职业人的良好职业素养，为实现职场成功做好准备。

思考题

1. 什么是沟通？什么是职场沟通？什么是职场的有效沟通？

2. 简述沟通的重要性。

3. 简述职场沟通的类型与方式。

4. 如何在工作环境中有效地进行职场沟通？

5. 职场有效沟通的方法有哪些？

6. 进行良好的沟通需要具备的五大能力是什么？

7. 职场中常见的沟通误区有哪些？

8. 如何处理职场人际沟通障碍问题？

9. 培养和提升沟通能力的策略有哪些？

10. 如何进行向上沟通、平行沟通、向下沟通？

职业信条七：合作

——实现双赢的必由之路，让我们共同前行

以众人之力起事者，无不成也。

——摘自《管子·形势解》

天时不如地利，地利不如人和。

——孟子

📖 学习阶段 合作：一种必备的技能

在职场中，合作是一种必备的技能。合作使一个团队可以在更短的时间内更高效地完成工作，同时促进了团队成员之间的信任和彼此之间的尊重。无论是在小型企业还是在大型企业中，合作都是非常重要的。

合作是职场中
的必备技能

一、了解合作精神

合作精神是指在合作过程中，个体之间相互尊重、相互信任、相互支持，努力实现共同目标的态度和行为。合作精神在各个领域都具有重要的意义，无论是在学校、工作场所，还是在社交活动中，合作精神都能够提升团队的凝聚力和工作效率。职场中，合作精神是团队取得成功的基石。

二、合作的意义

合作对个人和组织的发展都具有重要意义，具体如下。

1. 提高工作效率

合作可以将团队每个成员串联起来，形成高效的工作流程。通过分工合作，我们可以专注于自己擅长的领域，从而提高工作效率。而且，团队合作可以减少个人的工作压力，提供支持和帮助。

2. 增进人际关系

在合作过程中，团队成员需要相互沟通、相互协调，这有助于增进团队成员之间的人际关系，增强团队的凝聚力。

3. 互相学习，共同成长

每个人都有自己的优势和劣势，通过合作，团队成员可以取长补短，从而取得更好的结果。例如，在工作中，一个人可能擅长创意，而另一个人擅长执行，如果他们携手合作，能推动项目的顺利进行。

4. 实现资源共享

通过合作可以整合各方资源，实现资源共

享，更好地完成目标任务。

5. 增强竞争力

通过合作可以形成更强大的竞争优势，提高整体竞争力。

三、合作的重要性

无论是在小型企业还是大型企业，无论是在个人职业生涯还是企业发展，合作都是非常重要的。合作的重要性体现在以下两个方面。

1. 合作可以激发创新能力

不同的思维和观点在合作中得以共享和交流，这就为创造新的想法和方法提供了机会。在合作过程中，通过和他人交流，我们可以受益于他人的见解和经验，从而形成自己的创新能力。合作不仅可以激发个人的创新能力，也可以激发团队的创新能力，使团队将各种观点和想法结合在一起，形成更有创意的解决方案。

2. 合作可以培养团队精神和合作意识

在团队合作中，每个人都需要尊重他人，以实现合作共赢。通过合作，我们学会倾听他人的意见、尊重他人的权威、互相理解和包容，这种团队精神和合作意识可以在其他方面产生积极的影响，如促进人际关系的和谐、提高领导力等。

案例 7-1

飞行的大雁

大雁有一种合作的本能，它们飞行时都呈"V"字形。大雁飞行时定期变换领导者，为首的大雁在前面开路，能帮助它两边的大雁形成局部的真空。科学家发现，大雁以这种形式飞行，要比单独飞行的效率高 12%。

一个由相互联系、相互制约的若干部分组成的整体，经过优化设计后，其整体功能能够大于部分之和，产生 1+1>2 的效果。

📖 实践阶段 合作：团队成功的关键

团队合作是现代企业管理的核心组成部分。如果没有团队合作，一个人难以完成繁重的任务。

那么，在职场中如何促进合作呢？

合作，付诸行动

一、坦诚沟通

合作需要双方进行良好的沟通，只有开诚布公地沟通才能够了解对方的感受和需求，更好地协调工作。在不同工作场景下，我们需要用不同的方式沟通。在团队中，可以使用项目管理工具来让大家统一了解工作进展，这样大家就可以及时发现和解决问题，共同进步。

在合作过程中，我们需要关注其他成员的情感，并在合适的时间给予关怀和支持。

案例 7-2

在一家享有盛誉的科技公司，一项旨在推动行业发展的重大项目被正式启动。这个项目涉及多个部门的紧密协作，要求各部门共同推动项目的成功实施。项目负责人张强以其卓越的技术能力和深厚的行业知识被选为项目领导者，但他在团队沟通和协调方面的经验相对较少。

项目启动之初，张强凭借其深厚的技术背景，迅速明确了项目技术路线。然而，随着项目工作的不断推进，团队内部开始出现沟通不畅的问题。此外，对客户反馈的收集和处理也存在延迟，影响了项目的迭代速度。

面对这一挑战，李明，一位在团队中具有出色的沟通技巧和协调能力的成员主动站了出来。他首先与张强进行了深入的交流，了解了张强的技术愿景和项目的核心需求。随后，李明提出并推动了一系列沟通机制的优化措施。

在李明的推动下，团队成员之间的合作变得更加顺畅。张强也开始逐渐改变自己的沟通方式，更加注重倾听团队成员的意见，并在决策过程中融入更多的人文关怀。团队内部形成了良好的氛围，大家都能以开放的心态面对挑战，共同寻找解决方案。

经过团队的不懈努力，项目最终顺利实现了所有既定目标。

【解析】这个案例不仅说明了技术能力和沟通能力在项目管理中的重要性，也强调了团队协作对于项目成功的关键作用。

二、共同工作

共同工作可以促进团队协作。团队中的每个成员都有各自的专长和优势，每个成员都应该将自己的专长和优势发挥出来。在工作中，可以把团队成员分组，以更好地发挥每个人的技能和特长，进而更好地完成任务。

三、关注团队目标

团队的目标不仅仅是完成一项任务，它更是团队成员共同追求的价值和愿景。每个人都要了解团队目标并参与其中，能够在不同的工作场景下更好地协调团队的工作。

四、定期培训

定期培训是团队工作开展的关键。通过不断学习新知识，团队成员能够更好地协作，促进工作的发展，提高工作效率，提升团队的整体素质。

通过定期培训，团队成员可以相互学习，共同探究更有价值的问题，并形成新思路。

总之，团队合作是团队成功的关键因素。只有通过良好的沟通、协调等才能建立良好的合作关系。

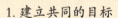 **知识链接**

7 个提高团队凝聚力的方法

在现代企业中，团队凝聚力是一个非常重要的概念。拥有高度凝聚力的团队，其成员能够更好地合作、互相支持，并共同追求团队目标。而团队凝聚力的提高，不仅能够提高团队的工作效率，还可以改善团队的工作氛围。下面将介绍 7 个提高团队凝聚力的方法。

1. 建立共同的目标

一个团队的凝聚力离不开共同的目标。团队成员需要明确共同的目标，并且每个人都要对这个目标有清晰的认识。

在建立共同目标时，团队领导者需要确保目标具有挑战性，并且能够激发团队成员的积极性。同时，目标需要具有可衡量性，以便团队能够对目标的完成情况进行评估和反馈。

2. 加强沟通与交流

团队成员之间的沟通与交流是提高团队凝聚力的关键。一个团队如果没有良好的沟通与交流，成员之间容易产生误解，合作效率也会受到影响。

团队领导者应该鼓励成员之间的开放沟通，让每个人都能够充分表达自己的观点和想法。同时，团队领导者应该提供各种沟通渠道，如定期的团队会议、在线讨论平台等，以便成员之间能够及时交流和协作。

3. 建立信任

信任是团队凝聚力的基础。团队成员之间只有相互信任，才能够放心地合作，共同追求团队目标。而建立信任需要时间和努力。团队领导者可以通过多种方式来建立信任。例如，及时给予成员反馈和认可，让所有成员都感受到自己的价值；鼓励成员之间相互支持、相互帮助。同时，团队领导者应具有诚信的品质，给团队成员以可靠的感觉，树立榜样。

4. 培养团队精神

团队精神是团队凝聚力的核心。一个有团队精神的团队能够克服困难，不断进步。

团队领导者可以通过多种方式来培养成员的团队精神。例如，组织团队建设活动，让团队成员之间更好地了解，彼此信任；鼓励团队成员互相支持和帮助，共同成长；通过树立典型来影响和激励团队成员。

5. 营造良好的工作氛围

良好的工作氛围对于团队凝聚力的提高至关重要。积极、和谐的工作氛围能够激发团队成员的工作热情，提高工作效率。

团队领导者可以通过多种方式来营造积极、和谐的工作氛围。例如，鼓励团队成员积极参与决策，让每个成员都感受到自己的重要性；及时给予成员反馈和认可，让每个成员都感受到自己的成长和进步；同时要处理好团队内部的冲突，保持团队的和谐和稳定。

6. 奖励与激励

奖励与激励是提高团队凝聚力的有效手段。适时地给予团队成员奖励和激励，能够激发他们的积极性和工作热情。

团队领导者可以根据团队成员的表现，适时地给予团队成员奖励和激励，促进团队成员更加积极地投入到工作中。这些奖励和激励可以是物质的，如奖金等；也可以是非物质的，如公开表扬、感谢信等。

7. 定期回顾与改进

团队凝聚力的提高是一个循序渐进的过程。团队领导者需要定期回顾团队的工作，总结经验教训，并及时进行改进。

结论

团队凝聚力是一个复杂的概念，提高团队凝聚力需要团队领导者和全体成员的共同努力。通过建立共同的目标、加强沟通与交流、建立信任、培养团队精神、营造良好的工作氛围、奖励与激励以及定期回顾与改进，团队凝聚力会得到有效提高，从而推动团队的发展和进步。

反思阶段　合作：相互信任，排除障碍

一、合作过程中的障碍

合作会面临
障碍和挑战

在合作过程中，经常会遇到各种障碍，这些障碍的产生可能是因为缺少信任、惧怕冲突、欠缺投入、逃避责任、忽视结果等。

（1）团队合作的第一大障碍是团队成员之间缺乏信任。该障碍产生的原因是大家不愿意敞开心扉，不愿承认自己的缺点和弱项，从而无法建立相互信任的基础。

（2）无法建立相互信任的危害极大，因为它为第二大障碍——惧怕冲突奠定了基础。缺乏信任的团队无法进行直接而激烈的思想交锋，取而代之的是毫无针对性的讨论以及无关痛痒的意见。

（3）缺乏必要的争论之所以成为不利的问题，是因为团队合作中遇到的第三大障碍：欠缺投入。团队成员如果不能积极投入并表达自己的意见，他们即使在会议中表面达成一致，也难以真正统一意见，做出决策。

（4）因为没有真正达成共识，团队成员就会逃避责任，这就是团队合作中的第四大障碍。

案例 7-3

两位创业者共同创办了一家企业，并约定了各自的责任和利益分配。然而，在创业过程中，由于市场环境的变化和企业经营的压力，双方开始产生分歧和矛盾。其中一位创业者发现企业经营状况不佳，开始担心自己的投资无法收回。为了规避风险，他选择了逃避责任，如减少投入、不参与决策等。他的行为导致企业陷入了更加困难的境地。双方因此产生了严重的纠纷和矛盾，甚至导致企业倒闭。这不仅给双方带来了巨大的经济损失，还对他们的个人声誉和职业发展产生了负面影响。

【解析】逃避责任在合作过程中是一种严重的负面行为，它不仅会影响合作伙伴或团队成员之间的信任和合作关系，还会给整个项目或企业带来严重的损失。因此，在合作过程中，我们应该时刻保持责任感和担当精神，勇于面对问题和挑战，共同推动项目的成功实施。

（5）如果团队成员不能相互负责、督促，第五大障碍——忽视结果就有了赖以滋生的土壤。当团队成员无视结果，把个人的需要（如个人利益、职业前途或能力认可）或分支部门的利益放在整个团队的共同利益之上时，将会严重影响企业的发展。

二、合作过程中的挑战

团队合作是现代企业管理中不可或缺的一环。但是，随着团队规模的扩大，在团队合作过程中，可能会遇到各种各样的挑战，如沟通不畅、矛盾冲突、任务分配不均等。

1. 沟通不畅

在大型团队中，由于成员众多，沟通可能变得复杂且烦琐。这可能导致信息传递缓慢、

误解频发，甚至关键信息被遗漏。

2. 矛盾冲突

在团队合作中，由于观点、利益或性格的差异，成员之间可能会产生矛盾冲突。这些矛盾冲突如果得不到及时解决，会影响团队氛围和合作效率。

3. 任务分配不均

在大型团队中，任务分配复杂且难以平衡。一些成员可能承担过多的工作负担，而另一些成员则可能相对轻松。这种不均衡的任务分配可能导致团队成员的不满和工作效率低下。

趣味测验

团队合作精神测试

1. 如果某位中学校长请你为即将毕业的学生做一次介绍公司情况的晚间讲座，而那天晚上恰好播放你追的电视连续剧的最后一集，你会（   ）。

A. 立即接受邀请

B. 同意去，但要求改期

C. 以有约在先为由拒绝邀请

2. 如果某位重要客户在周末下午5：30打来电话，说他们购买的设备出了故障，要求紧急更换零件，而主管人员及维修工程师均已下班，你会（   ）。

A. 亲自驾车去30千米以外的地方送零件

B. 打电话给维修工程师，要求他立即处理此事

C. 告诉客户下周才能解决

3. 如果某位与你竞争最激烈的同事向你借一本经营管理方面的书，你会（   ）。

A. 立即借给他

B. 同意借给他，但声明此书无用

C. 告诉他书被遗落在火车上了

4. 如果某位同事为方便自己去旅游而要求与你调换休息时间，在你还未做决定如何度假的情况下，你会（   ）。

A. 马上应允

B. 告诉他你要回家请示妻子

C. 拒绝调换，推说自己已经报名旅游团了

5. 你如果在去赴约的途中且时间很紧张的情况下看到你秘书的车出了故障，停在路边，你会（   ）。

A. 毫不犹豫地下车帮忙修车

B. 告诉他你有急事，不能停下来帮他修车，但会帮他找修理工

C. 装作没看见他，径直行驶过去

6. 如果某位同事在你准备下班回家时，请求你留下来听他"倾吐苦水"，你会（   ）。

A. 立即同意

B. 劝他第二天再说

C.以妻子生病为由拒绝他的请求

7.如果某位同事要去医院照顾妻子，要求你替他去接一位搭夜班机来的重要人物，你会（　　　）。

A.立即同意

B.找借口劝他另找别人帮忙

C.以汽车坏了为由拒绝

8.如果某位同事的儿子想选择与你同样的专业，请你为他做些求职指导，你会（　　　）。

A.立即同意

B.答应他的请求，但同时表明你的意见可能没有意义，建议他再找些最新的资料做参考

C.只答应谈几分钟

9.你在某次会上做的演讲很精彩，会后几位同事向你要讲话纲要，你会（　　　）。

A.同意并立即复印

B.同意但并不十分重视

C.同意但转眼即忘记

10.如果你参加一个新技术培训班，学到了一些对许多同事都有益的知识，你会（　　　）。

A.回公司后立即向大家分享并分发参考资料

B.只泛泛地介绍一下情况

C.把这个课程贬得一钱不值，不透露任何信息

评分：

全部回答A：你是一位极善良、极有爱心的人，但你要当心，千万别被低效率的人拖后腿，应该有自己的主见。

大部分回答A：你很善于合作，但并未失去个性，认为礼尚往来是一种美德，在工作生活中也不可或缺。

大部分回答B：你是以自我为中心的人，不愿意给自己找麻烦，不想让自己的生活规律、工作秩序受到任何干扰。

大部分回答C：你不善于同别人合作，几乎没有团队意识。

📖 提升阶段　合作：克服困难，迎接挑战

在合作过程中出现矛盾是一件非常正常的事情，关键在于我们如何有效地解决矛盾，并继续维持良好的合作关系。

一、克服影响团队合作的五大障碍

影响团队合作的五大障碍分别是缺少信任、惧怕冲突、欠缺投入、逃避责任、忽视结果。

> **思考：**
> 1. 职场中团队合作时出现的种种障碍应如何破解？
> 2. 如何打破障碍，实现团队成员间的高效合作？

衡量一个团队的效率要看他对自己所设定的目标的实现情况，要在不断发展的基础上实现团队合作，团队就必须克服以下五大障碍。

1. 缺乏信任——建立信任

建立信任是一切的基础。杰出的团队成员彼此之间具有发自内心的、真挚的信任，彼此能够体谅个体的盲点、错误、恐惧及行为，彼此可以敞开心扉。

2. 惧怕冲突——掌控冲突

团队成员彼此信任就不会惧怕在有关组织成功的关键问题上或决定中发生争执。即便会提出问题，所有人的注意力都集中在找到对的或好的答案上，从而找到真相并做出正确的决定。

案例 7-4

某大型跨国公司在我国设立了一个研发部门，该部门由来自不同国家和具有文化背景的团队成员组成。由于团队成员在文化背景、工作习惯和思维方式上的差异，他们在合作过程中经常产生冲突。这些冲突不仅影响了团队的氛围和工作效率，还可能导致项目的延误和成本的增加。于是，团队领导组织了一次跨文化的交流培训，帮助团队成员了解彼此的文化背景和沟通习惯。

通过采取一系列措施，该研发部门成功地掌控了冲突，并将其转化为推动合作前进的动力。团队成员之间的合作变得更加顺畅，工作习惯和思维方式也逐渐趋于一致。在决策过程中，团队成员能够充分发表自己的意见，并达成共识。最终，该部门不仅成功完成了多个重要项目，还在行业内树立了良好的口碑和品牌形象。

3. 欠缺投入——积极投入

积极投入到决策和行动计划中去。

4. 逃避责任——共担责任

团队成员能够围绕决定及业绩标准，毫不犹豫地承担相应的责任，能够主动对本职工作负起责任。

5. 忽视结果——关注结果

杰出团队会关注团队的需求及工作重点，主动思考团队的愿景并相互激动，关注团队集体成功的结果。

二、正确应对和处理团队合作中的挑战

团队合作是现代企业管理中不可或缺的一环。但是，随着团队规模的扩大，在团队合作过程中可能会遇到各种各样的挑战，为了有效地应对这些挑战，我们应掌握以下 7 个策略。

1. 建立明确的目标和角色分工

在团队合作中，明确的目标能够为每个成员提供方向和动力。确保每个成员都清楚自己的角色和任务，并在团队内共享这些信息，这样可以提高工作效率。

2. 建立良好的沟通方式

顺畅的沟通是团队合作的关键。在沟通过程中应确保所有成员都有平等的发言机会，倾听并尊重他人的观点。如果可能，使用多种沟通方式，如面对面会议、电子邮件或项目管理工具，以确保信息的准确传递和共享。

3. 培养良好的冲突管理能力

冲突在团队中是难以避免的，但如果不能处理好冲突将直接影响团队的和谐与成就。团队领导者应鼓励成员提出建设性意见和解决方案，尽量消除成员的负面情绪，注重问题解决和团队目标的实现。

4. 增强团队合作意识

增强团队合作意识是建立优秀团队的关键。例如，举办团队建设活动或定期的团队会议，以促进团队成员之间的相互了解和信任；鼓励团队成员之间互相支持、相互协作，强调团队目标的重要性。

5. 确保适当的任务分配和资源管理

在团队合作中，任务的分配和资源的管理至关重要。根据每个成员的技能和优势分配

任务，确保任务分配合理化和高效性。同时，充分考虑团队成员的工作负荷和可用资源，以确保及时完成任务。

6. 建立有效的决策机制

在团队合作过程中，需要做出许多决策。建立明确的决策机制，鼓励团队成员积极参与决策，可以确保所有成员都有机会发表意见，并尊重和执行团队的决策。

7. 鼓励创新和持续改进

在团队合作中，应鼓励成员不断创新，引进新技术，以确保团队的持续发展。

📖 拓展阶段 合作：一种重要的价值观

在人类社会发展的历程中，合作共赢一直是一种重要的价值观。我们生活在一个复杂而多样化的社会中，这种价值观能够让我们更好地与他人相处，激励我们不断地追求更高的目标，创造更美好的未来。

在职场中，合作能力对于个人和团队的成功至关重要。通过合作，我们可以集结多方资源，共同应对挑战，取得更大的成就。而共赢则强调在合作过程中，各方都能获得利益，实现共同成长。

一、具有团队合作意识

要想实现合作共赢，首先要做到合作。只有增强团队合作意识，团队成员才能尽心尽力地做好本职工作，在工作中奉献自己，以达到共赢的目的。

💡 案例7-5

　　某软件开发公司接到了一个大型项目，该项目旨在为一家国际企业开发一款全新的客户关系管理系统（CRM）。由于项目规模庞大，时间紧迫，公司决定组建一个跨部门的精英团队来完成这一任务。团队成员来自不同的部门，他们不仅拥有各自领域的专业技能，还具备强烈的团队合作意识。团队在项目启动之初就明确了项目的目标和愿景，这激发了团队成员的积极性和归属感。团队成员根据各自的专业技能进行了合理的分工。团队内部建立了开放、透明的沟通机制。在项目执行过程中，团队成员之间形成了相互支持、共同进步的良好氛围。面对项目进程中的突发情况和挑战，团队成员能够迅速调整策略，共同应对。他们通过集思广益、共同决策的方式，找到了解决问题的最佳方案。

　　经过团队成员的共同努力和紧密合作，该项目最终成功交付成果并获得了客户的高度评价。CRM系统不仅满足了客户的所有需求，还在市场上取得了良好的反响。这一项目的成功不仅为公司带来了可观的收益，还提升了团队的整体实力和知名度。

　　【解析】具有团队合作意识是项目成功的关键。一个具有团队合作意识的团队能够迅速适应环境变化，共同应对挑战，从而实现项目目标。

二、培养良好的心态

每个人都有自己的优劣势以及独特的个性，但当要融入一个团队时，个人优势可能不再凸显，而独特的个性很可能成为劣势和问题。所以要想实现合作共赢，每个团队成员都要培养自己良好的心态，积极主动融入团队，与合作伙伴良性互动，提升自己的合作能力。

三、诚实并敢于负责任

诚实与负责任是每个人都应该具备的品质，在团队合作中更是不可或缺。诚实面对自己的缺点以及合作中出现的问题，并且对发生的事情勇敢地承担责任，不推诿，勇敢面对。

四、认真进行批评与自我批评

取得进步的第一步就是要接受批评，在批评中不断完善自己。所以，在合作过程中，每个团队成员都应该对自己进行正确的定位，当发现合作伙伴的问题时不要因为情面、身份或者私心而不敢提出批评。如果合作伙伴之间只是互相客气和掩饰，那这个团队不会长久发展，更不会达到共赢的目的。

五、全心全意做好本职工作

一架飞机能顺利起飞，即使是一个小小的螺丝钉，其发挥的作用也是举足轻重的。工作没有高低贵贱之分，所以在团队合作中，要敬业，全心全意地做好自己的本职工作，这是最大的成功。

六、取长补短，发挥各自优势的指导作用

合作之所以能达到共赢，是因为在这个过程中每个人都发挥了自己的优势，并且取长补短。所以充分发挥自己在某方面的优势，对他人能倾囊相授，同时学习他人的优势，可以弥补自己的不足，进而带动整个团队的进步。

七、各司其职，做好监督

监督在团队合作中起着很重要的作用，通过监督能够发现错误，督促改正。在合作中，每个团队成员在做好自己本职工作时，也要互相监督，共同进步。

八、不断学习，共同进步

社会发展瞬息万变，技术更新速度远远超出了我们的想象，没有一项技能能够用一辈子。现在早已没有铁饭碗之说，所以我们要不断学习新知识、新技术、新技能，不断完善和提高自己，积极适应社会发展趋势。

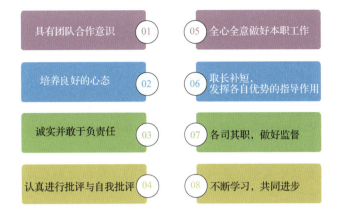

素养加油站

合作的内涵

合作是指两个或更多个人或组织共同合作、共同努力，以实现共同的目标或完成共同的任务。在合作中，所有参与方都将资源、知识和技能相互结合，以实现共赢。

合作的目的是通过相互信任、理解和支持，促进团队的发展和成长。在合作中，各方彼此协调、互相帮助，并共同承担责任和风险。

合作的精神是相互尊重、平等互利、相互依赖和相互支持的基础上，努力实现共同利益。

合作强调个体目标和群体目标的同一性。在合作中，在实现共同目标的基础上实现个人目标，因此获得共同利益也意味着获得个人利益。

合作是一种积极的互动方式，可以促进创新和改进，并为参与者提供更多的机会与资源。通过合作，各方可以利用彼此的优势，共同解决问题，实现共同的成功。

 ## 实训小课堂

【实训目标】

知识目标：
1. 了解合作的定义、合作精神、合作的意义及合作的重要性。
2. 了解团队合作及其意义。
3. 理解合作共赢的内涵。

能力目标：
1. 能够在职场中进行有效的合作。
2. 能够在职场中进行团队合作。
3. 能够正确应对和处理团队合作的障碍。
4. 能够在团队合作中充分发挥个人优势及作用，并有效地提升合作能力。

素质目标:
1. 培养合作意识。
2. 树立合作共赢的理念。

【实训案例】

2024年,某公司营销与研发部门紧密合作,共同开发新产品。在此过程中,营销部门提供数据支持,帮助研发部门准确把握市场需求,创新产品设计,从而促进销售增长。供应链与销售部门合作优化流程,实时监控库存数据,共同制订销售方案。财务与策略部门合作进行长期发展目标战略规划,提供投资决策支持,确保财务稳健性,并进行风险评估和战略实施效果绩效评估。

公司通过跨部门合作成功实施了多个创新项目,取得了显著成效。这些项目不仅带来了业绩增长,也带动了团队整体的发展。

讨论与思考:
1. 请思考案例中的公司取得显著成效的原因。
2. 从个人角度讲,你认为如何做到团结合作?

【实训方法】

1. 结合案例资料,完成讨论与思考。
2. 结合案例资料,围绕自己感触最为深刻的一点,阐述你的观点和建议。

【任务评价】

结合实训目标,认真完成实训任务;然后结合个人自身情况,谈谈自己在各阶段关于职场合作的表现;最后结合自评或他评进行评分。

评分标准:1分=很不满意,2分=不满意,3分=一般,4分=满意,5分=很满意。

阶段	任务	个人表现	评分
学习阶段	在职场中,合作是一种必备的技能。在合作前,我们要理解合作及团队合作的相关内涵、意义与作用		
实践阶段	团队合作是现代企业管理的核心组成部分。合作可以提高工作效率和工作质量,增强团队凝聚力和培养合作精神。职场中促进合作需要坦诚沟通、共同工作、关注团队目标和定期培训		
反思阶段	持续学习和反思是个人和团队成长的必要环节。团队成员应该学会识别合作中的障碍、应对合作中的挑战		
提升阶段	在合作过程中难免出现障碍和挑战,应积极克服与应对		
拓展阶段	合作共赢一直是一种重要的价值观。在职场中,合作能力对于个人和团队的成功至关重要。而共赢则强调在合作过程中,各方都能获得利益,实现共同成长		

【实训要求与总结】

1.完成实训任务与评估。

2.通过实训小课堂，在理论知识和职业技能方面都获得提升，从而具备职业人的良好职业素养，为实现职场成功做好准备。

思 考 题

1.什么是合作？

2.什么是合作共赢？

3.简述合作共赢的意义。

4.什么是合作精神？

5.简述合作的意义。

6.如何实现有效合作？

7.职场中如何促进合作？

8.影响团队合作的障碍有哪些？

9.如何应对和处理团队合作中的挑战？

10.如何发挥个人在团队合作中的优势和作用？

11.如何有效提升合作能力？

职业信条八：主动

——每一次的主动，都是向成功迈进的一步

鸟欲高飞先振翅，人求上进先读书。

——李苦禅

学习阶段 主动：为成功打下坚实基础

随着技术和市场的快速发展，知识和技能也在不断更新换代。因此，积极主动地学习，培养自己强大的学习能力，不仅可以在职场上获得更多的机会，提高竞争力，还可以为个人成长和发展打下坚实基础。

职业人应增强主动识变应变求变的信心和能力，必须深刻认识机遇和挑战的辩证统一关系，把人的主观能动性充分调动起来，汇聚成应变局、育新机、开新局的强大合力。

主动为成功打下坚实的基础

一、初识主动

1. 主动的含义

"主动"一词在《现代汉语词典》中的解释是：①不待外力推动而行动；②能够造成有利局面，使事情按照自己的意图进行。

主动是在事件发生时采取的行动，而不是在事件发生后作出反应的行为。主动行为旨在控制并使事情发生，而不是等待或适应情况的发生。

2. 主动的意义

主动的意义主要体现在以下几方面：

（1）主动是展现个人独立性格的关键特质。积极主动的人通常拥有清晰的思维和明确的行动计划，因此他们被视为有主见的人。

（2）主动行动往往带来更多的收获。这意味着在采取行动之前，已经有了明确的目标和计划，按照既定的安排进行，从而避免混乱，通常取得的结果也不会差。即便结果不尽如人意，积极主动的人也会通过反思获得宝贵的经验和教训，对未来产生积极的影响。

（3）积极主动的人更易获得机遇。在日常生活中，人们倾向于欣赏和亲近那些积极主动的人，他们不需要他人的督促或监管就能出色地完成任务。遇到问题时会积极解决，而不是推卸责任，这样的行为更容易得到领导的认可，因而获得更多的机会。

（4）只有积极主动，人才能真正主宰自己的生活。自己的人生应该自己掌控，主动行动，无论结果如何，都是个人的选择。

（5）积极主动的态度是实现个人愿景的基础。虽然外部条件可能受到限制，但这并不可怕，重要的是拥有选择的自由，并且能够对现实环境做出积极回应。

（6）在面临选择时，积极主动的人能够根据自己的判断做出决策，而不会被环境所影响。

二、职场中的主动

1. 主动的重要性

在职场中，主动是一种积极向上的态度，能够帮助我们更好地适应变化、提高工作效率和实现个人目标。积极主动的员工往往更受欢迎，更容易获得晋升机会。

案例 8-1

小张是公司市场部的一名员工。公司有一个紧急且复杂的项目需要完成，许多同事都选择了沉默或回避，然而，小张却毫不犹豫地站了出来，主动表示愿意承担这个项目。在项目执行过程中，小张不仅充分发挥了自己的专业能力，还积极协调团队成员，共同解决问题。最终，项目不仅按时完成，还获得了客户的高度评价。小张的积极主动不仅为公司赢得了业务，也为自己赢得了晋升的机会。

2. 主动的表现方式

（1）自我激励。积极主动的人，通常能够自我激励，不依赖他人的监督和指导。他们能够主动设定目标，并制定相应的计划和行动步骤。同时，他们能够保持积极的心态，面对困难和挑战时能够坚持不懈。

（2）主动学习。积极主动的人，会主动寻找学习机会，参加培训课程、研讨会和行业交流活动，不断提升自己的知识和技能。通过不断学习，他们能够更好地适应职场变化，提高工作能力。

（3）主动沟通。积极主动的人的人，善于主动沟通，能够与同事、上级和客户建立良好的沟通关系。他们会主动寻求反馈和建议，并及时解决问题和处理冲突。通过有效的沟通，他们能够更好地协调工作，提高团队工作效率。

（4）主动承担责任。积极主动的人，愿意承担责任，并能够在工作中展现出自己的价值。他们会主动接受挑战和任务，并努力完成任务。同时，他们会对自己的工作质量负责，并及时反馈和改进。

主动性是职场进阶的关键词之一。通过设定明确的目标、建立自我激励机制、不断学习和提升、培养良好的沟通能力和勇于承担责任，我们可以培养自己的主动性，实现职场进阶。让我们积极行动起来，成为一名具备主动性的职场人士！

三、影响职场主动性的主要因素

在职场中，我们常常会遇到一些影响主动性的因素，它们可能阻碍我们对职业发展方向的认知和进步。

1. 缺乏自我认知

自我认知是指对自己的了解和认知，包括自己的优势、劣势、价值观、兴趣爱好等。如果一个人缺乏自我认知，他将很难确定自己的职业发展方向和目标，容易迷失在职场的迷雾中。

2. 缺乏动力和激情

当一个人对工作失去兴趣和热情时，也很难保持积极的态度和较高的工作效率。缺乏动力和激情会让人在职场上感到疲惫和不满足，进而影响工作表现和职业发展。

3. 职业焦虑和压力

职场竞争激烈，工作任务繁重，很容易让人产生职业焦虑和压力。如果一个人无法有效应对职业压力，会导致情绪低落、自信心下降，从而影响工作积极性和表现。

📖 实践阶段 主动：问、做、学，引领成长之路

在职场中，主动是一项核心的底层能力。员工只有具备这项能力，才能在职场中获得成长。主动性的重要性很多人都知道，那么在职场中主动做什么能让自己成长得更快呢？

践行主动，引领成长之路

一、遇到事情主动问

案例 8-2

有一名新员工利用周末一个上午的时间合并了两份报表的数据，但因为是手动操作，她做了一天还没有完成，只能周末的时候加班，她觉得自己挺敬业的。但她没有想过这样的问题：别人是怎么处理的？有没有更好的经验和方法？如果她主动问了有经验的同事，同事就会告诉她，利用 Excel 中的 VLOOKUP 公式能够高效完成数据的处理，而且不容易出错。

【解析】在职场中我们遇到的大部分问题都已经有成熟的解决办法，因此要学会主动请教别人，不要一味地埋头苦干。

职场中，主动从外部寻找经验和资源，这不是投机取巧，而是睿智的工作方法。不要害怕请教别人被拒绝，只要你肯开口，至少有 50% 的机会，而实际上只要你有礼貌地去请教同事，大多数时候都会得到帮助。

二、对待工作主动做

如果想在职业上获得更多成长的机会，就要学会主动工作。刚刚进入职场，有时候会分不清楚什么工作是自己该做的，什么工作是自己能做的。安排给你的工作做完之后，不要等着安排，这时你可以主动向领导、同事请教，主动寻找机会，让自己积累更多的经验和能力，而你的主动也会让领导和同事看在眼里，记在心里。

三、积累经验主动学

在职场，没有哪位领导或是师傅，能够像学校的老师上课那样按照书中内容系统地讲解，在职场中获得经验、提升能力，靠的就是主动，正所谓"师傅领进门，修行靠个人"。

很多职场新人常常会抱怨没有遇到好的领导或师傅。记住，职场中没有人有义务教你，为此你更需要具备主动学习的能力，你要学会看（观察别人怎么做，为什么）、听（听领导怎么说、同事怎么沟通）、问（不懂就问，用笔记录下别人教你的，这点很重要，不要一个问题重复去问）。

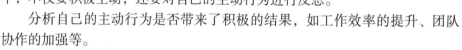 反思阶段 主动：积极反思，避免误解

一、对职场主动行为的反思

比尔·盖茨说过："一个好员工，应该是一个积极主动去做事，积极主动去提高自身技能的人。"积极主动的员工在职场中倍受领导的青睐。在职场中，不仅要积极主动，还要对自己的主动行为进行反思。

付诸实践，避免误解

分析自己的主动行为是否带来了积极的结果，如工作效率的提升、团队协作的加强等。

 案例 8-3

某公司市场部的小张在工作中一直表现积极，但近期在负责一个大型市场推广项目时，却遇到了不少困难。项目进展缓慢，团队士气低落，小张也感到前所未有的压力。

为了加快项目进度，小组进行反思，发现了以下问题：

（1）在项目开始时，没有充分预估项目的复杂性和可能遇到的困难，导致在项目推进过程中频繁出现意外情况，需要不断调整计划。

（2）在项目中与团队成员的沟通不够充分，导致团队成员对项目目标、分工和进度了解不足，影响了团队的协作效率。

（3）在项目遇到难题时，没有主动向上级或相关部门寻求支持，而是选择独自解决，导致问题解决效率低下。

（4）随着项目压力的增大，心态逐渐变得消极，影响了工作效率和团队合作。

通过反思，小张认识到了自己在职场主动行为方面的不足，并制定了相应的改进措施。他相信，在未来的工作中，通过不断学习和实践，自己能够更加积极主动地面对挑战，提升工作效率和团队协作能力，为公司的发展做出更大的贡献。

【解析】这个案例表明，职场主动行为对于个人的职业发展至关重要。反思和改进自己的行为，可以不断提升自己的职场竞争力，实现个人价值。

二、关于职场主动行为的一些误解

在职场中，关于主动的误解可能涉及多个方面，以下是一些常见的误解。

1. 误解主动为过度表现

一些人可能将主动视为过度表现自己，认为主动的员工是在争取关注或试图超越他人。这种误解可能导致同事间的竞争氛围加剧，而非促进团队合作。

2. 忽视主动背后的责任感

主动不仅是积极行动，还伴随着对结果的责任感。有时，人们可能只看到主动的员工在承担额外任务，却忽视了他们的责任感和承诺。这种误解可能让其他员工觉得主动的员工是在"揽活"，而不理解其背后的动机。

3. 将主动等同于不守规矩

在某些情况下，主动的员工可能会提出新的想法或解决方案，这些想法可能与现有的规章制度不完全吻合。这可能导致一些人误解主动的员工不守规矩或挑战权威。然而，主动往往是为了更好地解决问题或推动工作进展。

4. 认为主动就是理所当然

有时，领导或同事可能将员工的主动行为视为理所当然，没有给予认可或奖励。这种误解可能会削弱员工的积极性，让他们觉得自己的付出没有得到应有的回报。

5. 混淆主动与冲动

主动需要深思熟虑和计划，而冲动则是未经思考的行动。有时，人们可能将员工的主动行为误解为冲动行事，认为其没有充分考虑到后果。

员工在展现主动性的同时，也需要注重与同事和领导的合作与协调，确保自己的行为符合团队和公司的整体利益。在职场中，保持开放的心态和积极的沟通是减少误解的关键。

🄑 职场小故事

在一个充满活力的科技公司里，有两个年轻的程序员——李明和张伟。他们同时被招聘进来，拥有相似的教育背景和技能水平，都怀揣着在技术领域有所作为的梦想。然而，随着时间的推移，两人在职场上的表现却逐渐显现出了差异。

李明是一个典型的"等待指令"型员工。每天，他都会准时到达办公室，然后打开邮箱，等待主管分配任务。一旦接到任务，他就会埋头苦干，按时完成，但从不主动思考项目之外的可能性或提出改进意见。偶尔，当团队讨论新的创意或解决方案时，李明总是保持沉默，似乎更习惯于在熟悉和安全的框架内工作。

相比之下，张伟则展现出了极高的职业主动性。他不仅高效地完成分配给自己的任务，还经常主动寻找可以优化流程、提升效率的方法。张伟习惯于在完成任务后反思整个过程，思考是否有更好的技术可以应用。他还经常利用业余时间学习最新的编程语言，了解行业趋势，不断提升自己的专业能力。更重要的是，张伟勇于在团队会议上分享自己的想法和建议，即使这些想法最初并不被所有人接受，他也从不气馁，而是坚持用数据和事实说话，逐步赢得了同事和上级的认可。

一次，公司接到一个紧急项目，需要在短时间内开发一个全新的功能模块。面对这个挑战，李明按照以往的习惯，等待着具体的任务分配。而张伟则主动请缨，提出了一套创新的解决方案，并自愿带领一个小团队进行研发。经过连续几天的加班加点，张伟的团队不仅按时完成了任务，而且他们的方案在测试中表现优异，大大提高了产品的市场竞争力。这次的成功让张伟得到了领导和同事的认可，也为他日后的职业发展奠定了坚实的基础。

几年后，李明依然是一名普通的程序员，而张伟已经成了项目经理。

【解析】这个故事告诉我们，在职场上，仅仅做好本职工作是不够的，更重要的是要展现出主动性和创造力，勇于挑战自我，不断探索未知，这样才能在激烈的竞争中脱颖而出，实现职业生涯的飞跃。

 趣味测验

你是否是主动进取型的性格？

一个小男孩和他的父母去郊外放风筝，由于没掌握技巧，风筝落在了路旁的一棵树上。

依你的思维来分析，小男孩会通过下列哪种方式拿回风筝呢？

本测试为单题测试，答案仅供参考。

测试选项：

A. 要求父亲帮他拿。

B. 爬到树上去拿。

C. 想办法用细长的木棍挑下来

选A的类型：你的性格中缺乏主动性，孩子气较浓，依赖心较强。此类型性格的人有着想依靠别人生活的心理。由于缺乏毅力，他们一遇到困难便会轻易放弃，陷入低潮。建议你坚强一点，学会尽量用自己的力量和方式去解决问题。

选B的类型：你的性格属于个性积极并具有强烈竞争心的类型。此类型性格的人经常追求很高的目标，勉强自己去做能力未及之事。长此以往，会产生巨大压力。建议你懂得化解自己的压力，同时不要让自己的身体太累。

选C的类型：只要是交代你的事，你一定会完成得非常好。可是，一旦没人交代任务，便不知道做些什么。在这种情况下，你很容易陷入低潮。建议你不要总是走别人为你安排好的路。

提升阶段　主动：让自己的职业发展更上一层楼

职业人具备良好的工作主动性，可以高效地完成任务，从而获得职业发展。那么，作为职业人，尤其是刚进入职场的职业人，怎样才能提高自己工作的主动性呢？下面从三个方面进行探讨。

一、树立积极主动的工作态度

（1）设定清晰、具体且可衡量的工作目标，这是工作中积极主动的动力。

（2）不逃避问题，而是积极寻找解决方案。当面临挑战时，主动承担责任，而不是推卸责任。

（3）主动分享自己的想法和遇到的困难，以便获得支持和帮助。

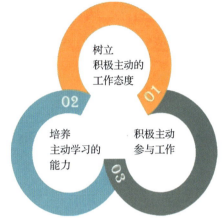

案例 8-4

有个幽默小故事：老板叫一名员工去买复印纸。员工买了 3 张复印纸回来。老板大叫："3 张复印纸怎么够？我至少要 3 摞。"员工第二天就去买了 3 摞复印纸回来。老板一看，又叫："你怎么买了 B5 的，我要的是 A4 的。"过了几天，员工买了 3 摞 A4 的复印纸回来，老板生气地说道："怎么买了一个星期才买好？"员工回道："你又没有说什么时候要。"一个买复印纸的小事，员工跑了三趟，老板被气了三次。老板摇头叹道："员工执行力太差了！"员工心里说：老板能力欠缺，连个任务都交代不清楚，只会支使下属白忙活！

【解析】这个故事告诉我们，员工对待工作应该有积极主动的工作态度，当老板吩咐去买复印纸时要思考买多大的复印纸，要买多少，老板什么时候要，若不清楚应主动与老板沟通。故事中的员工显然缺乏自觉性、主动性。

二、培养主动学习的能力

1. 提升专业知识和技能

（1）了解自己工作领域的最新动态和趋势，持续学习和提升专业知识和技能。

（2）通过阅读书籍、参加培训、交流学习等途径，不断扩宽自己的知识面，增强自己的综合能力。

2. 学会自主学习

（1）将学习作为一种持续的习惯，建立起自主学习的机制。

（2）可以通过制订学习计划、设立学习目标、定期回顾总结等方式，持续提高自己的专业水平和能力。

（3）善于利用各种学习资源，包括书籍、网络、同事、领导等，不断拓展自己的学习渠道。

3. 关注行业发展和前沿技术

（1）及时了解自己所在行业的发展动态和前沿技术，关注新技术、新产品的推出，不断保持对行业的敏锐度和洞察力。

（2）可以通过参加行业交流会议、订阅专业期刊、关注行业博客等方式，跟踪行业趋势，提前做好准备。

三、积极主动参与工作

1. 提高工作效率

高效率是工作主动性的体现之一。我们要合理安排工作，制订合理的工作计划，做好时间管理，减少无效的重复工作，提高工作效率。同时，我们要善于利用工作工具和技术，提升自己的工作效能。

2. 积极参与团队合作

积极参与团队合作是培养工作主动性的重要途径。我们要主动与同事进行交流，主动提供帮助和支持，在团队中展示自己的专业素质和能力，争取更多的合作机会，提升自己在团队中的地位和影响力。

3. 提升自身领导力

具备一定的领导力可以更好地管理和协调工作，提高工作主动性。我们要培养自己的团队意识和协作能力，主动承担重要任务，提出创新性的建议和方案，引领团队朝着共同的目标努力。

4. 不断反思和改进

我们要时刻反思自己的工作表现，找出不足之处，并积极改进；或者通过定期和领导或同事进行交流，接受反馈和建议，了解自己的优势和不足，为自己的成长和发展提供指导。

总结起来，提高工作主动性是一个不断学习和提升的过程。通过树立积极主动的思维态度，培养主动学习的能力，并通过积极参与工作，我们可以提高自己工作的主动性，为个人的职业发展打下坚实的基础。

📖 拓展阶段 主动：越主动，越幸运

积极主动的工作态度是一种非常重要的职场素养。积极主动的工作态度不仅可以让个人在工作中更加专注、认真，发挥出最佳水平，还可以促进个人的职业发展，为其带来更多的机会和成长空间。

一、扩大社交圈

主动与他人交往是建立人际关系网络的关键。通过参加各类社交活动，如行业会议、研讨会、志愿者活动等，我们能够结识具有不同背景，来自不同专业领域的人。这些新结识的朋友和合作伙伴可能为我们提供新的视角、信息和资源，从而拓宽我们的视野和知识面。此外，一个广泛的社交圈也意味着有更多的机会去发现和利用潜在的合作机会，无论是职业发展方面还是个人兴趣方面。

二、展现个人能力和价值

主动承担任务、提出创新想法或积极参与团队讨论是展现个人能力和价值的重要方式。通过实际行动，我们能够向同事、上级或潜在客户展示自己的专业技能、领导力和团队协作能力。这些正面的展示不仅能够提升我们在团队中的影响力，还能够吸引更多人的关注和认可。这种认可可能会转化为更多的工作机会、晋升机会或业务合作机会。

三、抓住机遇

机会往往留给那些有准备的人，而主动的人通常更善于观察和分析环境，从而敏锐地捕捉到潜在的机会。他们时刻保持警觉，对市场和行业动态保持敏感，以便在机会来临时迅速采取行动。此外，主动的人还善于创造机会，通过主动寻求合作、提出新项目或推动变革等方式，为自己和团队创造更多的发展机会。

四、促进个人成长

主动的人通常具有更强的自我驱动力和学习能力。他们愿意不断挑战自己，学习新知识和技能，以提升自己的竞争力。这种成长不仅有助于我们在职业生涯中取得更好的成绩，还能够为我们带来更多的发展机会。通过不断学习和成长，我们能够更好地适应市场变化，抓住新的机遇，并在职业生涯中不断进步。

综上所述，主动扩大社交圈子、展现个人能力和价值、抓住机遇以及促进个人成长等能为我们带来更多的机会和可能性。因此，我们应该积极培养自己的主动性，勇于挑战自己，不断学习和成长，以便更好地应对未来的挑战和机遇。

案例 8-5

小雅与小溪两人同时进入一家大公司，工作了一段时间，小雅安于现状，但小溪觉得应该找一个机会在领导面前好好表现，但平时难得见到领导的身影。

小溪想来想去决定主动出击。得知领导每天早上都要去公园晨练，小溪就在心里盘算，如何引起领导的注意？

一天早上，她提前20分钟到了领导晨练的地方。当领导出现时，小溪热情地迎了上去做了自我介绍，然后两人愉快地聊了起来。随着时间的推移，领导对小溪也越来越熟悉了解，小溪在领导心中留下了很好的印象。后来，小溪通过自己的努力被公司提拔了。

讨论与思考： 主动出击给小溪帮了大忙，那职场中主动到底有多重要？

素养加油站

职场中做个主动的人

1. 一个人越主动越幸运

许多人在工作中总是等待着别人的安排，很少主动承担工作。优秀员工都是积极主动的，他们明白主动能带来潜在的好处。任何一个行业的岗位规划和资源都是有限的，如果你不表现出自己的才能，就不能让领导了解你，甚至他都不知道你。这并不是领导故意冷落你，而是领导的精力和时间是有限的。领导站在高处，你站在低处，信息很难对等。与其等着他人打着灯笼来找你，不如主动走出去，让领导在了解你的基础上，对你进行资源倾斜。俗话说，"千里马常有，伯乐不常有"，与其等着不动，不如主动破局。

2.主动，能让你拥有更多的机会

真正有能力、有想法的人都会主动出击。他们的态度是真诚的、好学的。

主动出击的人，"勤"字为先，他们比被动的人更努力。因为他们从不敢放松自己，努力做好每一件事，从而得到更多的机会。

优秀的员工，不允许自己的人生默默无闻，他们会不断实践，抓住属于自己人生逆袭的机会。

3.主动的人，懂得做自己命运的主人

主动的人，懂得做自己命运的主人，会不断地尝试与探索。

一个不会自我探索的人，往往会随波逐流，人生平庸。而对自己人生负责的人，往往内心更为强大。这种强大让他们在成长的路上会不停地思考：自己想要什么样的人生，从而产生内在驱动力。

主动从某种意义上来说，就是积极创造条件，即使在条件不具备的时候，他们也从不听天由命，而是去思考和实践怎么创造条件。

无论是生活中还是职场中，只有主动才会得到机会，改变命运。

 实训小课堂

【实训目标】

知识目标：

1.了解职场中主动的作用、意义、定义。

2.能够理解主动的内涵。

能力目标：

1.能够理解职场中主动的重要性。

2.能够正确了解职业个性和培养职业素养。

素质目标：

1.培养主动学习的能力。

2.树立积极主动的工作态度。

【实训案例】

案例一

职业院校学生小A在班级集体活动中主动组织一次社区义工活动，并得到了社区居民的积极响应和支持。通过这次活动，小A不仅锻炼了自己的组织能力，还为社区居民提供了一个干净整洁的环境。

案例二

公司职员小 B 主动申请参加一次重要的行业会议，他提前做了大量的准备工作，包括研究会议议题、整理自己的观点和思考问题。在会议上，他积极参与讨论，提出了有建设性的意见，并得到了其他与会者的关注和认同。

讨论与思考：

1. 请思考小 A 和小 B 各具备了怎样的职业素养？

2. 请结合自身情况，说一说你对职场中主动这一职业素养的理解。

【实训方法】

1. 结合案例资料，完成讨论与思考。

2. 结合案例资料，围绕自己感触最为深刻的一点，阐述你的观点和建议。

【任务评价】

结合实训目标，认真完成实训任务；然后结合个人自身情况，谈谈自己在各阶段关于职场主动的表现；最后结合自评或他评进行评分。

评分标准：1 分 = 很不满意，2 分 = 不满意，3 分 = 一般，4 分 = 满意，5 分 = 很满意。

阶段	任务	个人表现	评分
学习阶段	认识主动的含义与意义，了解职场中的主动及职场中影响主动性的因素		
实践阶段	在职场中具备主动的能力，能够将所学的知识应用到实际工作中，在职场实践中获得成长，不断加深对职业的理解，不断积累经验		
反思阶段	在职场中，不仅要积极主动，还要对自己的主动行为进行反思，同时了解关于职场主动行为的误解有哪些		
提升阶段	树立积极主动的工作态度、培养主动学习的能力、积极主动参与工作，促进职业发展		
拓展阶段	积极主动的工作态度能够促进个人的职业发展，为其带来更多的机会和成长空间		

【实训要求与总结】

1. 完成实训任务与评估。

2. 通过实训小课堂，在理论知识和职业技能方面都获得提升，从而具备职业人的良好职业素养，为实现职场成功做好准备。

思 考 题

1. 在职场中，主动体现在哪些方面？

2. 职场中主动做什么能让自己成长得更快呢？

3. 为什么说积极主动的工作态度能够为个人带来更多的职业机会和成长空间？

职业信条九：创新

——没有创新就没有进步

> 惟创新者进，惟创新者强，惟创新者胜。
>
> ——引自《人民日报》

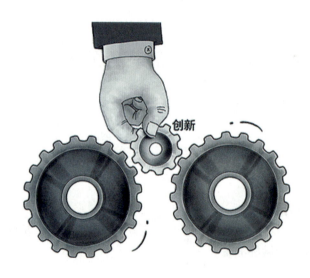

创新

学习阶段 创新：学会创新，善于创新

知识改变命运，创新成就未来。如果缺乏创新意识与创新能力，我们每个人、每个企业乃至我们的国家就不可能赢得未来竞争中的生存与发展的空间。因此，我们要学会创新、善于创新。

一、创新相关概述

1. 创新

以现有的思维模式提出有别于常规或常人思路的见解或导向，利用现有的知识和物质，在特定的环境中，本着理想化需要或为满足社会需求，而改进或创造新的事物，包括但不限于各种产品、方法、元素、路径、环境等，并能获得一定有益效果的行为，这就是创新。创新是无限的。

从认识的角度来说，创新就是更有广度、深度地观察和思考世界；从实践的角度说，创新就是能将这种认识作为一种日常习惯贯穿于具体实践活动中。

创新涵盖众多领域，包括政治、军事、经济、社会、文化、科技等。创新突出体现在三大领域：学科领域——表现为知识创新，行业领域——表现为技术创新，职业领域——表现为制度创新。

2. 创新思维

创新思维是人类高级别且复杂的精神活动之一，是以新颖、独特、别出心裁的方法解决问题的思维过程，具体来讲，就是能突破常规思维的界限，运用超常规或反常规的方法和视角思考问题、解决问题，进而产生有一定意义的思维成果。

职场中，我们应如何理解创新思维呢？我们可以从了解创新思维的特征入手。

特征	说明
对传统的突破性	创新者突破原有的思维框架，排除以往的思维程序和模式对寻求新的设想的束缚，并对那些默认的假设、陈腐的观点和固化的模式提出挑战和质疑
思路上的新颖性	创新者突破思维定式，不再墨守成规，表现为思路、思考上的首创性和开拓性。个体往往突破前任成果束缚并通过独立思考形成自己的观点和见解，从而产生崭新的思维成果
程序上的非逻辑性	创新思维的产生常常省略了逻辑推理的许多中间环节，具有跳跃性。创新者常常采用直觉思维的形式，提出新观念，解决新问题，实现从"逻辑的中断"到"思想的飞跃"
视角上的灵活性	视角随着条件的变化而转变，并能根据不同的对象和条件，灵活应用各种思维方式，摆脱思维定式的消极影响
内容上的综合性	高度综合并利用前人的思维成果，取得更多的思维突破

要想激活自身的创新思维，还需要进一步了解创新思维的形式，通过在实践中灵活运用这些形式取得创新的丰硕成果。

形式	说明
延伸式思维	借助已有的知识，沿袭他人、前人的思维逻辑去探求未知的知识，并将认识向前推移，从而丰富和完善原有的知识体系
扩展式思维	拓宽研究对象的范围，从而获取新知识
联想式思维	对所观察到的某种现象与自己所要研究的对象加以联想思考，从而获得新知识
运用式思维	运用普遍性原理研究具体事物的本质和规律，从而获得新的认识
逆向式思维	否定原有结论或思维方式，运用反向思维方式进行探究，从而获得新的认识
幻想式思维	对在现有理论和物质条件下不可能成立的某些事实或结论进行幻想，从而获取新的认识
奇异式思维	对事物进行超越常规的思考，从而获得新知识
综合式思维	在认识事物的过程中，将以上几种思维形式中的某几种或全部加以综合运用，从而获取新知识

3. 创新能力

创新能力是指个体在解决问题和应对挑战时，运用知识和相关理论，在科学、艺术、技术和各种实践活动领域不断提供具有经济价值、社会价值及生态价值等的新思想、新理论、新方法和新发明的能力。它不仅仅是指技术上的创新，更包括了在思维方式、工作方法以及解决问题的角度上的创新。

创新能力与一般能力的区别主要在于创新能力的新颖性和独创性。

创新能力对个人的职业发展具有重要作用，具体如下：

（1）拓展职业发展空间。创新能力使个人能够成为具有竞争力的职场人才。在求职过程中，具备创新能力的人更容易脱颖而出，获得更多的机会。在职业发展中，具备创新能力的人能够从事更具挑战性和有影响力的工作。

（2）培养领导力。创新能力的发挥需要个人具备领导力。积极参与和带领创新项目，能够提高领导力和组织能力。具备创新能力的人能够在团队中发挥带头作用，推动团队不断发展。

（3）提高问题解决能力。创新能力的发挥还需要个人具备解决问题的能力。不断提出新的解决方案，并将其付诸实施，能够不断提高解决问题的能力。

（4）提高创业成功的可能性。创新能力是创业成功的重要因素之一。创业者需要具备创新能力，才能发现商业机会、设计创新产品和提供创新服务，并在市场中得到验证。具备创新能力的个人更容易在创业过程中克服困难并取得成功。

知识拓展

创新改变生活

创新改变生活具体如下。

1. 电子支付

随着互联网和移动技术的发展，电子支付已经成为改变人们生活的重要创新之一。通过手机、计算机等终端设备，人们可以方便快捷地进行在线支付，不再需要携带大量现金或信用卡。这种创新大大提高了支付的便利性和安全性，改变了人们的消费习惯和支付方式。

2. 共享经济

共享经济是一种新兴的商业模式，是指通过互联网和移动应用，将闲置资源进行共享，如共享单车、共享汽车、共享办公空间等，大大提高了资源利用率，减少了资源浪费，改变了人们的生活方式和消费观念。

3. 智能家居

随着物联网技术的发展，智能家居成为改变生活的创新之一。通过将家居设备连接到互联网，人们可以远程控制家电、监控安防、自动调节室温等，提高了家居的舒适度和安全性。

4. 无人驾驶

无人驾驶技术的发展将彻底改变交通运输行业。通过人工智能、传感器和导航系统，车辆可以自动行驶，这提高了交通的安全性和效率。

5. 人工智能医疗诊断

人工智能技术在医疗诊断领域的应用可以大大提高医疗诊断的准确性和效率。例如，人工智能辅助医生进行肺部 CT 扫描分析，可以快速地发现异常病变，帮助医生进行诊断和治疗。

6. 虚拟现实教育

虚拟现实技术的应用在教育领域有着巨大的潜力。通过虚拟现实设备，学生可以身临其境地参观历史古迹、进行科学实验等，提高了学习的趣味性和互动性，促进了对知识的深入理解。

7. 3D 打印

3D 打印技术的应用可以实现个性化、定制化的生产。例如，通过 3D 打印，人们可以定制自己的鞋子、眼镜等物品，满足个性化需求，减少了资源浪费。

8.区块链技术

区块链技术是一种去中心化的分布式账本技术，可以实现去信任的交易和信息存储。区块链技术可以提高交易的透明度和安全性，改变了传统金融行业的运作方式。

9.物联网

物联网技术将无数物理设备连接到互联网。通过物联网，可以实现智能家居、智能城市等。例如，通过智能水表，人们可以实时监测自己家的用水量，提高了用水的效率。

10.虚拟货币

虚拟货币，如比特币等，是一种基于密码学的数字货币。虚拟货币的出现，改变了传统货币的发行和交易方式，提高了交易的便利性和安全性。虚拟货币还可以促进跨境支付和金融创新。

二、创新的分类

提起创新，人们往往联想到技术创新和产品创新。其实创新的种类远不止这些。创新主要有以下七类。

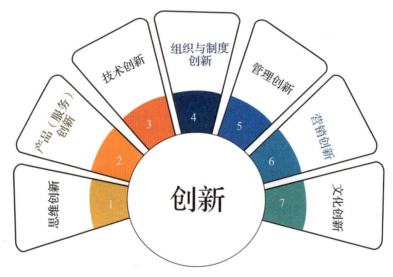

1.思维创新

思维创新是一切创新的前提。一个人千万不要封闭自己的思维。若形成思维定式，就会严重阻碍创新。西方有人召开头脑风暴会，就某一问题提出解决办法，定的目标是 1 小时内想出 100 个办法。原来以为至多能想出 50 个，结果却是 103 个。

有的公司不断招募人才，重要原因之一就是期望其能带来新观念、新思维，促进公司不断创新。国外近年来还出现了"思维空间站"，其目的就是进行思维创新训练。

2. 产品（服务）创新

对于工业企业来说，创新是产品创新；对于金融服务来说，创新是服务创新。例如，手机在短短几年时间已从模拟机、数字机、可视数字机发展到具有多种功能的手机。手机的更新演变生动地告诉我们，产品的创新是多么迅速而高级。

3. 技术创新

就一个企业而言，技术创新不仅指商业性地应用自主创新的技术，还应创新地应用合法取得的他方开发的新技术或已进入公有领域的技术创造市场优势。

4. 组织与制度创新

组织与制度创新主要有三种：

（1）以组织结构为重点的变革和创新，如重新划分或合并部门、改变流程、改变岗位及岗位职责、调整管理幅度。

（2）以人为重点的变革和创新，即改变员工的观念和态度，包括知识的变革、态度的变革、个人行为乃至整个群体行为的变革。

（3）以任务和技术为重点，重新组合分配任务，更新设备，创新技术，达到组织创新的目的。

5. 管理创新

前面提到，世上没有一成不变、最好的管理理论和方法。环境情境是自变量，管理是因变量。

6. 营销创新

营销创新是指营销策略、渠道、方法、广告促销策划等方面的创新。

7. 文化创新

文化创新是指企业文化的创新。

 案例 9-1

王亚蓉：跨越时空，复织中华锦绣

中国社会科学院考古研究所特聘研究员、纺织考古学学术带头人王亚蓉是首批"大国工匠"荣誉称号获得者，被誉为"中国织绣领域研究第一人"，她重启失传的"纳缕绣"、复原彩绣凤鸟纹棉衣、复织几何纹经锦编织锦绣人生。

1972年，王亚蓉参与了马王堆汉墓中素纱襌衣的提取工作，通过解决各种难题，克服环境因素影响，她总结出许多宝贵经验，最终将素纱襌衣成功展开，精湛的工艺震惊世人。多年来，王亚蓉的纺织考古团队通过对文物的保护、修复，让历代服饰文物的实物链日趋完整，为中国古代服饰文化研究提供了重要的佐证。2016年，中国社会科学院正式将"纺织考古"列为绝学学科，这是对纺织品考古事业的极大肯定。王亚蓉表示，除了研究修复，她还有一项重要工作就是传帮带。"我把路给后辈铺好，古代丝织品的辉煌，将由他们去重现，期待出现更多的惊喜。"

小故事，大道理

创新要行动——犹豫的驴子

有一头驴肚子很饿，在它面前两个不同方向等距离地放着两堆同样质量、同样种类的料草。驴子犯了愁，由于两堆料草和它的距离相等，料草又是同样的数量和质量，所以它无所适从，不知哪堆料草才是最佳选择，于是就在犹豫和愁苦中饿死在原地。这是著名的布利丹效应。很多人擅长思考，而拙于行动，最后一事无成。"思考有余而行动不足"，耽误了很多宝贵时间和机会，最后结果可想而知。

创新不是挂在嘴边的高谈阔论，需要脚踏实地地付诸行动。实际上，人们经常把创新想象得太高深、太神秘、太复杂了，并因此阻碍了他们去创新。创新，需要勇气，有勇气去试一试，这样才不会与机会失之交臂。

实践阶段 创新：突破固有的思维

在当今快速变化的职场环境中，创新能力已经成为个人和组织取得竞争优势的关键因素。要做到创新，可以从以下几个方面入手。

一、培养创新思维

创新思维是实现创新的基础。可以通过学习和实践等来培养自己的创新思维能力。创新思维包括逆向思维、心理思维、跟踪思维、替代思维、物极思维、发散思维、否定思维和多路思维等。

二、突破固有思维

突破固有思维，即不迷信任何权威，大胆地怀疑，这是创新的出发点。对所学习或研究的事物要有求异的态度，不要"人云亦云"。要有创新精神和创新成果，必须有求异的态度。求异实质上就是换个角度思考，从多个角度思考，并把结果进行比较。求异者往往要比常人看问题更深刻、更全面。

案例 9-2

一个自助餐厅因顾客浪费食物严重而效益不好。没办法，餐厅规定：但凡浪费食物者罚款 10 元。结果生意一落千丈。后经人提点，餐厅将售价提高 10 元，规定改为：凡没有浪费食物者奖励 10 元。结果生意火爆且杜绝了浪费行为。

【解析】这个自助餐厅的案例生动地展示了突破固有思维、转换策略所带来的巨大转变。这个案例告诉我们，在面对问题时，不能局限于固有的思维模式，而应该勇于尝试新的策略和思路。通过转换视角和思维方式，我们可以发现更多解决问题的方法和途径。

小故事，大道理

国王为挑选继承人，给两个儿子出了一道难题："给你们两匹马，白马给老大，黄马给老二，你们骑马到清泉边去饮水，谁的马走得慢，谁就是赢家。"

老大想用"拖"的办法取胜，而弟弟则抢过老大的白马飞驰而去。结果，弟弟胜了，因为他骑的是老大的马，自己的马自然就落到了后面。

【解析】故事中弟弟的聪明劲儿被人形象地称为"骑马思维"，说的就是敢于跳出传统思维，出奇制胜。在社会各个领域，那些擅用"骑马思维"的人往往会成为赢家。

三、勇于实践

创新不仅仅是思维上的突破，更需要通过实践来验证和实现。要勇于尝试，不怕失败，相信"失败乃成功之母"。

四、持续学习和积累

创新需要深厚的知识积累和广阔的视野。这要求我们要合理安排学习时间和课外活动，在学习中取得进步。

五、敢于冒险和挑战

创新往往意味着走出舒适区，面对未知和风险。要有克服困难的决心，不要怕失败。同时，要敢于挑战现有的规则和框架，提出新的想法和解决方案。

六、注重团队合作

创新很少是个人的独角戏，更多的是团队协作的结果。创新要善于与他人合作，分享想法，相互启发。通过团队的力量，可以更好地实现创新的目标。

综上所述，做到创新需要从多个方面入手，既要培养创新思维，又要勇于实践，还要持续学习和积累，敢于冒险和挑战，注重团队合作。只有这样，才能在工作和生活中不断实现创新。

反思阶段　创新：不要为了创新而创新

职场中，个人在追求创新时，可能会遇到一系列问题或陷入某些误区。以下是一些常见的个人创新问题或误区及其分析。

一、过度追求新奇，忽视实用性

有些人在创新时，过分追求新奇、独特，却忽视了创新的实用性。他们可能提出了一些极具创意但难以实施或没有实际价值的想法。出现此问题的原因是：他们忽视了市场需求和用户需求，导致创新成果难以被接受或应用；他们过于追求独特性，而忽视了创新的可行性和成本效益。

二、缺乏系统思考，创新碎片化

一些人在创新时，缺乏系统思考，导致创新成果碎片化，难以形成完整的解决方案或产品。出现此问题的原因是：他们忽视了创新各要素之间的关联性和整体性；他们未能从全局角度审视创新问题，导致创新成果缺乏协同性和一致性。

案例 9-3

张三是一名在某大型科技公司工作的产品经理，负责某个产品线的规划和开发工作。他有着丰富的技术背景和产品开发经验，但在系统思考和全局规划方面存在不足。

例如，市场上出现新的竞品或技术变革时，张三急于推出一些应对性产品，而没有深入分析这些产品对整个产品线或公司战略的影响。由于缺乏系统思考，张三针对每个具体的问题提出一个独立的解决方案，而没有考虑这些方案之间的关联性和整体效果。这导致他的解决方案缺乏协同性和一致性，甚至产生冲突和矛盾。由于缺乏对整体资源的系统规划，张三将大量的资源投入到某些看似重要但实际上并不紧急的项目上，而忽视了其他更有潜力或更紧迫的需求。由于张三的创新过程缺乏系统性和连贯性，他的创新成果难以整合成一个完整的产品或解决方案。这使得产品在推向市场时面临诸多挑战，难以获得用户的认可和市场的成功。

【解析】个人在创新过程中必须具备系统思考的能力。只有从全局和整体的角度出发，才能深入理解市场需求、把握技术趋势、制订合理的解决方案和资源分配计划。同时，需要注重创新成果的整合和协同，确保它们能够形成一个完整、有竞争力的产品或解决方案。

三、害怕失败，缺乏冒险精神

有些人在创新时，由于害怕失败，缺乏冒险精神，其创新步伐缓慢或停滞不前。出现此问题的原因是：对失败的恐惧导致他们不愿尝试新的想法或方法，缺乏勇气面对创新过程中的挑战和不确定性。

四、忽视团队合作，单打独斗

一些人在创新时，过于强调个人英雄主义，忽视了团队合作的重要性。出现此问题的原因是：他们未能充分利用团队成员的资源和优势；缺乏团队协作和沟通，导致创新成果难以达到预期效果。

五、缺乏持续学习和更新知识的意识

有些人在创新时，由于缺乏持续学习和更新知识的意识，其思路和方法过时或落后。

出现此问题的原因是：他们未能及时跟进最新的技术和行业动态，缺乏对新思想、新方法的了解和掌握。

趣味测验

创新趣味测验

1. 如果你要发明一种未来的交通工具，你会选择哪种类型？（　　）

A. 能够瞬间移动的传送门　　　　　B. 可以在水下自由行驶的潜水汽车

C. 能够飞行且环保的太阳能翅膀　　D. 一款超高速的磁悬浮列车

解析：这个问题旨在测试参与者的想象力和对创新技术的兴趣。不同的选择反映了不同的创新方向和关注点。

2. 面对一个复杂的问题，你通常如何寻找解决方案？（　　）

A. 直接尝试各种可能的解决方法

B. 先深入研究问题的背景和原因

C. 与他人讨论，寻求不同的观点和意见

D. 使用思维导图或类似工具来整理思路

解析：这个问题反映了参与者在面对问题时的解决方法和策略。有效的问题解决往往始于对问题的深入理解和分析。

3. 以下哪个场景最能激发你的创新灵感？（　　）

A. 独自在安静的环境中思考　　　　B. 与一群朋友或同事进行头脑风暴

C. 观察大自然或城市中的独特现象　D. 阅读科技新闻或专业文章

解析：创新灵感往往来源于不同的环境和情境。这个问题揭示了参与者获取创新灵感的偏好方式。

4. 你认为以下哪个创新理念最为重要？（　　）

A. 不断改进和优化现有产品

B. 推出全新的、颠覆性的产品或服务

C. 结合不同领域的技术或思想来创造新的价值

D. 关注用户体验，以满足用户需求为核心

解析：不同的创新理念反映了不同的创新策略和价值观。这个问题旨在了解参与者对创新的理解和追求。

5. 以下哪个行为最能体现创新精神？（　　）

A. 不断尝试新事物，即使失败也不放弃　B. 遵守既定规则和流程，确保稳定和效率

C. 只关注自己已经熟悉的领域和技术　　D. 寻求权威人士的意见和建议，避免冒险

解析：创新精神往往表现为对未知和挑战的积极态度。这个问题测试了参与者是否具备敢于尝试、勇于面对失败的创新精神。

测验结果分析：

参与者在完成测验后，可以根据自己的选择来评估自己在创新思维和问题解决等方面的能力。不同的答案组合将揭示参与者在创新方面的优势和不足，以及可能的发展方向。

提升阶段 创新：解决问题，走出误区

对于创新过程中的问题和误区，我们要学会积极处理。

一、关注需求，平衡创新的新奇性和实用性

（1）在创新过程中，要始终保持对市场需求和用户需求的关注。

（2）平衡创新的新奇性和实用性，确保创新成果既有创意又具备实际应用价值。

二、系统思考，注重协同与整合

（1）培养系统思考能力，从全局角度审视创新问题。

（2）在创新过程中，注重各要素之间的协同和整合，确保创新成果的整体性和一致性。

三、建立正确的失败观，培养冒险精神

（1）建立正确的失败观，认识到失败是创新过程中不可避免的一部分。

（2）培养冒险精神，勇于尝试新的想法和方法，即使面临失败也能从中吸取教训并继续前进。

案例 9-4

王兴在创立美团之前，曾经历过多次创业失败。他先后创办了校内网（后更名为人人网）、饭否网等项目，但都未能取得预期的成功。面对失败，王兴没有气馁，而是从中吸取教训，不断调整自己的创业方向和策略，开始创办美团。

王兴的故事

美团网在创立之初明确提出了"本地化生活服务"的策略，巧妙地避开了与淘宝等巨头在实物团购领域的正面竞争，专注于为本地消费者提供便捷、实惠的生活服务。

美团网在行业内率先推出了"过期可全额退款"的政策，为美团网赢得了大量用户的信任和好评。

美团网通过电影票、餐饮外卖等优势项目，逐渐深入垂直领域，为用户提供更加便捷、全面的生活服务。

美团网在技术创新方面也取得了显著成果。

王兴带领美团在激烈的市场竞争中脱颖而出，成为国内领先的互联网企业之一。

【解析】王兴的故事告诉我们，失败并不可怕，重要的是从失败中吸取教训，不断创新，才能最终取得成功。

四、树立团队合作意识，加强团队协作和沟通

（1）树立团队合作意识，认识到团队合作对于创新的重要性。

（2）加强团队协作和沟通，共同制定创新目标和计划，并共同推进创新进程。

五、培养良好习惯，拓宽视野和知识面

（1）培养持续学习和更新知识的习惯，定期关注行业动态和技术发展。

（2）积极参加培训和研讨会，拓宽自己的视野和知识面。

📖 拓展阶段 创新：一定有方法

创新是当今社会发展的驱动力之一，它在职场中扮演着重要的角色。具有创新精神的员工能够产生更大的影响力。公司期望各级员工在工作中提出创新的想法。但创新并不总是那么容易，它通常需要独特的技能、态度和方法。下面介绍一些创新的方法。

一、传统智力激励法

传统智力激励法由美国创造学家奥斯本创立，该方法的核心是组织一场10人左右的会议，与会人员就会议议题畅所欲言、各抒己见，形成各种方案和设想，然后由决策者对这些方案和设想进行综合分析，形成问题解决对策。使用传统智力激励法的基本原则如下：

（1）在思想形成阶段不允许批评别人提出的设想。

（2）提倡自由思考，无论意见多么富于幻想、多么怪诞，都需要记录在案。

（3）尽量多提设想，会上不做任何评论。

（4）鼓励把各种设想结合起来，加以引申和发展。

注意：运用传统智力激励法时，参加会议的人员不要超过10人，且会议的讨论时间应控制在20~30分钟，与会人员不能私下交换有关会议议题的任何意见、看法等。

二、默写式智力激励法

默写式智力激励法是德国学者鲁尔巴赫在对奥斯本传统智力激励法进行改造的基础上创立的，其原理与传统智力激励法相同，只是形式由畅谈变成了填写卡片。

该方法一般只允许6人参加会议，每人每轮在卡片上写出3个设想，每轮会议历时5分钟，因此，该方法又被称为"635法"。

默写式智力激励法实施步骤如下：

（1）根据会议议题选择合适的会议主持人和会议参加者。将6名与会人员安排坐在一张圆会议桌前，并为每人发放一张画有6个大格18个小格的卡片。

（2）主持人向与会人员公布会议主题，并随时解答与会人员提出的疑问。

（3）会议开始。在第一个5分钟内，主持人让与会人员在自己面前的卡片上的第一个大格内写出3个设想，每一个设想的表述写在一个小格内，设想的表述应尽量简明。

（4）第二个5分钟内，主持人组织与会人员按顺时针或逆时针方向传递自己面前的卡片。然后，主持人组织与会人员在参考他人设想的基础上在自己面前的卡片上再填写3个新设想。

依次类推，共进行 6 轮会议，最终产生 108 个设想。

（5）会议结束后，主持人对会上产生的 108 个设想进行整理、分类，并按照一定的评判标准筛选出有价值的设想。

相对于传统智力激励法，默写式智力激励法从源头上避免了与会人员受到他人意见的影响，但该方法的弊端在于，与会人员在会议期间只能自己看、自己想，对创新思维能力的激励不够充分。

三、三菱式智力激励法

三菱式智力激励法是由日本三菱树脂公司提出的，又称 MBS 法。该方法要求与会人员预先将与主题有关的设想分别写在纸上，然后轮流提出自己的设想，现场接受提问或批评，接着主持人以图解方式进行归纳，最后由与会人员讨论。与传统智力激励法不同的是，三菱式智力激励法摒弃了严禁批判的原则。

三菱式智力激励法实施步骤如下：

（1）会议准备。会议组织人员做好会场布置工作，并在会议桌上摆放会议所需的纸笔及其他文件等。

（2）提出主题。会议主持人向所有与会人员宣布会议主题及会议规则，并随时解答与会人员提出的疑问等。

（3）会议主持人组织与会人员将自己对与会议主题有关的设想写在各自面前的纸上，设想数量通常为 1~5 个，书写时间为 10 分钟。

（4）会议主持人组织各与会人员轮流发表自己的设想，并记下每个人的设想，其他人也可以根据宣读者提出的设想填写新的设想。

（5）将设想写成正式提案。待所有与会人员发表完自己的设想后，会议主持人组织各与会人员将自己的设想写成正式的提案，并将每个人的提案用图解的方式写在白板上，然后让与会者进行进一步讨论，以便获得最佳方案。

四、德尔菲法

德尔菲法，又名专家意见法，是一种由专家组就某一议题发表匿名意见，然后经过多轮筛选，确定最终的培养创新思维能力的方法。

德尔菲法实施步骤如下：

（1）组成专家组。按照议题所需要的知识范围确定专家。专家人数的多少可根据预测议题的大小和涉及面的宽窄而定，通常情况下为 5~10 人，最多不超过 20 人。

（2）填写第一轮调查表。会议组织者发给每位专家的第一轮调查表是开放式的（无限制，以免漏掉一些重要事件），要求专家只提出预测问题，并附上有关这个问题的所有背景材料，请专家围绕预测主题提出预测事件。

（3）汇总整理调查表。会议组织者要对专家填好的调查表进行汇总整理，归并同类事件，排除次要事件，制作预测事件一览表，作为第二轮调查表发给专家。

（4）填写第二轮调查表。会议组织者将第二轮调查表发给各位专家，让专家比较自己同他人的不同意见，修正自己的意见和判断。

会议组织者收到第二轮专家意见后，要对专家意见做统计处理，制作出第三轮调查表。

（5）填写第三轮调查表。会议组织者将第三轮调查表发给各位专家，组织专家根据反馈意见对自己的看法或意见等进行修正，并逐轮收集意见作为专家反馈信息，直到专家不再改变自己的意见为止。

向专家反馈意见的时候，会议组织者只给出各种意见，不说发表意见的专家姓名。

（6）汇总专家意见。对专家的意见进行综合处理，汇总成基本一致的看法，作为预测的结果。

注意：使用德尔菲法时，各位专家之间不得互相讨论，只能与会议组织者发生调查关系。此外，专家可以借用表格、直观图或文字叙述等形式来表现预测结果。

案例 9-5

某公司研制出一种新型产品，市场上还没有相似产品出现，因此没有历史数据可供参考。公司需要对可能的销售量进行预测，以决定产量。于是公司聘请了业务经理、市场专家和销售人员等8人，预测全年可能的销售量。

专家首次对最可能销售量、最低销售量和最高销售量进行了判断。公司将专家的判断结果进行汇总，并反馈给其他人做参考。

经过三轮反馈和修订，专家们的意见逐渐趋同。

预测结果：

平均值预测：按照8位人员第三次判断的平均值计算，预测新产品的平均销售量为585。

加权平均预测：将最可能销售量、最低销售量和最高销售量分别按0.50、0.20和0.30的概率加权平均，预测平均销售量为599。

中位数预测：按预测值高低排列，最高销售量的中位数为750。再将最低销售量、最可能销售量和最高销售量分别按0.20、0.50和0.30的概率加权平均，预测平均销售量为695。

该法称作德尔菲法。通过德尔菲法的运用，该公司成功预测了新产品的销售量，为生产决策提供了有力的数据支持，同时这一方法确保了参与人员的独立性和客观性，提高了预测结果的准确性和可靠性。

【解析】德尔菲法是一种有效的创新工具，可以帮助企业解决复杂问题，提高决策质量和效率。

素养加油站

创新的内涵

创新的内涵如下：

（1）创新是一种思想和行为方式，是对现有观念、方法、技术等的改进和创造。

（2）创新的目的是满足社会需求、提高生产效率、改善生活质量等。

（3）创新需要不断地探索和尝试，需要有勇气和决心去突破传统的思维和行为模式。

（4）创新需要有一定的知识和技能作为基础，同时需要有创造性思维和创新能力。

总之，创新是推动社会进步和发展的重要力量，是人类不断进步的动力源泉。

【实训目标】

知识目标：

1.了解创新、创新思维、创新能力的内涵。

2.了解创新能力的重要性。

3.掌握创新的分类。

能力目标：

1.能够理解创新的相关内涵。

2.能够理解创新在职场中的重要性。

3.掌握创新的技巧和方法。

素质目标：

1.培养和提升自己的创新能力。

2.培养创新思维和创新意识。

【实训案例】

刘湘宾参加工作40多年，在精密加工事业部数控组当了22年的组长，他所带领的团队主要承担着国家防务装备惯导系统关键件、重要件的精密与超精密车铣加工任务，加工的惯性导航产品参加了40余次国家防务装备、重点工程、载人航天、探月工程等大型飞行试验任务，圆满完成长征系列火箭导航产品关键零件、卫星及神舟十二号载人飞船重要部件生产任务。

刘湘宾的故事

他率领团队在行业内首次实现了球形薄壁石英玻璃的加工，打通了该型号研制的关键瓶颈，研究成果可推广应用于航空、船舶等重要部件的硬脆材料精密加工，为我国新型防务装备、卫星研制生产提供技术支撑和保障，经济效益和社会效益显著。他还通过持续创新改进工艺方法，开展了大量试验，成功将陶瓷类产品的加工合格率提高到95.5%以上，加工效率提升3倍以上。

刘湘宾职工（劳模）创新工作室成立以来，先后完成"半球动压马达柔性制造系统改造"等管理创新、技术创新18项；累计提出合理化建议100余条，涉及生产管理、工艺技术、减本降耗、安全生产等多个方面，并据此提出合理化建议并优化工艺50余项；22项攻关成果和研究课题解决了公司最关键最迫切的技能难题，创造直接经济效益百余万元。

讨论与思考：

1.请思考案例中刘湘宾具备了怎样的职业素养？

2.请结合自身情况，说一说你对职场中关于创新这一职业素养的理解。

【实训方法】

1.结合案例资料，完成讨论与思考。

2.结合案例资料，围绕自己感触最为深刻的一点，阐述你的观点和建议。

【任务评价】

结合实训目标，认真完成实训任务；然后结合个人自身情况，谈谈自己在各阶段关于职场创新的表现；最后结合自评或他评进行评分。

评分标准：1分＝很不满意，2分＝不满意，3分＝一般，4分＝满意，5分＝很满意。

阶段	任务	个人表现	评分
学习阶段	知识改变命运，创新成就未来。如果缺乏创新意识与创新能力，我们每个人、每个企业乃至我们的国家就不可能赢得未来竞争中的生存与发展的空间。因此，我们要学会创新、善于创新，以不断提升自己的技能，提高工作满意度，实现更高的职业目标		
实践阶段	职场中，创新与创新思维是相当重要的，它可以帮助我们在工作中更好地发现问题和解决问题。我们可以在职场实践中培养创新与创新思维，促进团队创新，实现更多可能性		
反思阶段	在当今社会，创新已经成为一个越来越重要的关键词。然而，创新过程中难免出现问题，走入误区		
提升阶段	面对创新过程中的问题和误区，要积极解决和避免		
拓展阶段	具有创新精神的员工能够产生更大的影响力，公司期望各级员工在工作中提出创新的想法。但创新并不总是那么容易，需要掌握一定的方法		

【实训要求与总结】

1.完成实训任务与评估。

2.通过实训小课堂，在理论知识和职业技能方面都获得提升，从而具备职业人的良好职业素养，为实现职场成功做好准备。

思 考 题

1.什么是创新？

2.什么是创新思维？

3.什么是创新能力？

4.如何在职场中引入创新？

5.如何在职场环境中培养创新能力与创新思维？

6.创新在职场中主要体现在哪些方面？

7.简述德尔菲法实施的步骤。

职业信条十：数字

——提升数字素养，顺应数字时代发展

> 数字经济的未来是数据驱动，智能化是数字经济的核心竞争力。
>
> ——李彦宏

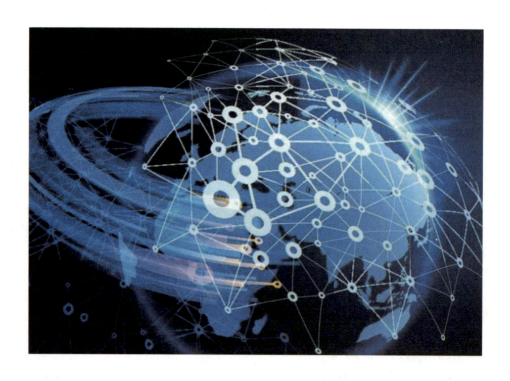

学习阶段　数字素养：让你更具竞争力

随着数字技术的进步和数字化社会的发展，数字素养的内涵在不断丰富和完善。数字素养既包括对数字资源的接受能力，也包括对数字资源的给予能力。人们为了有效参与数字化社会的发展，必须提升数字素养，具备数字资源的使用能力和研发能力。

一、数字素养相关概述

1. 数字素养

（1）概念。数字素养是指在数字环境下应对日常生活、学习和工作的能力，包括信息的获取、处理、评估、沟通、参与和创新的能力。数字素养不仅是数字时代社会发展的必要条件，也是个人成长和职业发展的重要基础。

数字素养的概念最初由学者 P.Gilster 在 1997 年提出。他认为，数字素养主要包括获取、理解与整合数字信息的能力，具体包括网络搜索、超文本阅读、数字信息批判与整合等技能。

数字素养是一种能力，它包括阅读数据资料和信息的能力，用数据开展工作或活动的能力，分析数据的能力，用数据进行表达、对话和沟通的能力。

数字素养早期起源于计算机和信息技术的发展，包括使用电子邮件、浏览网站和使用基本办公软件等技能。如今，数字素养已经扩展到支撑个人与组织的信息资源管理，包括数据处理、信息安全和数字创新等方面。对于现代社会而言，数字素养不仅仅是一种能力，更是现代人不可或缺的基础技能。

（2）内容。数字素养所涵盖的内容包括以下几个方面：

①信息素养。信息素养是指获取、评估和利用信息的能力，包括利用各种互联网资源获取信息，了解如何有效评估信息的可靠性和质量，以及如何利用信息进行学习、工作和娱乐等活动。

②计算思维。计算思维是指形象化表达和解决问题的方法，利用计算机和程序设计满足特定需求的能力，包括把问题抽象化和模拟成计算机模型，以及通过算法和流程图等方式将问题转化为计算机可执行的格式，得出最终结果。

③数字技能。数字技能是指利用数字技术完成各种日常工作和任务的技能，包括操作计算机、使用软件工具、处理电子文档和管理电子邮件等。

④信息安全。信息安全是指使用数字技术时保护信息免遭未经授权的访问、窃取、破坏和篡改的能力，包括了解网络安全威胁、保护账户和密码安全、使用杀毒软件和防火墙等措施保护个人和机构的信息资产。

⑤数字市民素养。数字市民素养是指利用数字技术参与社会和政治生活的能力，涉及了解并参与行政和社会服务，关注社会议题并以社交媒体、在线群体和其他数字渠道表达个人意见和价值观。

（3）意义。数字素养在现代职场中日益重要，随着数字技术的深入应用，越来越多的工作都依赖于数字素养。

数字素养在现代职场中的意义体现在众多方面。求职时，具备较强数字素养的人会更具竞争力，更容易找到理想的工作。在职场中，具备数字素养，不仅可以提高工作效率，增添工作乐趣，还可以帮助个人与组织在竞争中更具优势。

知识拓展

数字素养的维度

数字素养在当今社会中变得越来越重要，它涵盖了多个维度。

1. 数字理解

数字理解是数字素养的基础，包括对数字和数学概念的理解，以及如何应用这些概念解决实际问题。对数字的理解涉及数字的加减乘除、百分比、小数、方程等基本概念的掌握。培养良好的数字理解能力将有助于更好地掌握数字技能。

01 数字理解	02 数字技能	03 数字安全	04 数字创新	05 数字伦理
06 数据分析	07 数字沟通	08 数字批判性思维	09 终身学习	10 问题解决

2. 数字技能

数字技能是数字素养的重要组成部分，涉及使用数字工具和技术的能力。这些技能包括但不限于使用计算机、使用软件和应用程序、操作互联网、使用电子邮件、使用搜索引擎等。掌握这些数字技能将有助于人们更好地利用数字工具进行学习和工作。

3. 数字安全

数字安全是数字素养的重要保障，涉及保护自己的数字财产和信息安全，包括使用密码、保护个人信息、使用防火墙、避免网络钓鱼等。掌握数字安全相关知识将有助于人们保护自己的隐私、财产和信息安全。

4. 数字创新

数字创新是数字素养的发展和未来趋势，涉及使用数字工具来推动创新和创造新的价值，包括使用计算机模拟、人工智能、虚拟现实等技术来探索新的领域和解决问题。掌握数字创新方法将有助于人们更好地探索新的数字领域并推动社会进步。

5. 数字伦理

数字伦理是数字素养的政治和社会责任，涉及使用数字工具时的道德和法律规范，包括尊重他人的隐私、避免网络欺凌、遵守版权法等。了解并遵循数字伦理将有助于人们更好地遵循数字时代下的道德和法律规范，促进社会和谐发展。

6. 数据分析

数据分析是数字素养的必要技能，它涉及收集、整理、分析和解释数据的能力。它包括使用统计方法、数据可视化等技术来更好地理解数字时代下的数据和趋势，帮助人们做出更明智的决策。

7. 数字沟通

数字沟通是一种社会和情感能力，涉及使用数字工具，如电子邮件、社交媒体、视频通话等与他人进行有效的沟通。掌握数字沟通技巧将有助于人们更好地与沟通对象进行交流，提高沟通效率和效果。

8. 数字批判性思维

数字批判性思维是数字素养的高级阶段，涉及对数字信息的批判性分析和判断能力。在信息爆炸的时代，掌握数字批判性思维将有助于人们更好地评估信息的真实性和可靠性，避免受到虚假信息的影响。

9. 终身学习

终身学习是数字素养的核心价值。由于科技的不断进步和社会的快速发展，人们需要不断学习新的数字技能和知识来适应时代的变化，具备终身学习的能力将有助于人们更好地适应不断发展的数字时代。

10. 问题解决

问题解决是数字素养的综合应用，涉及使用数字工具和技能，如算法、编程等来解决问题和应对挑战，具备问题解决能力将有助于人们更好地应对挑战，提高工作和学习效率。

总之，数字素养的维度涵盖了许多方面，从基本的数字理解到高级的数字批判性思维，再到终身学习和问题解决能力，这些都是人们在数字时代中必须具备的重要素质。通过不断提高自身的数字素养，将能够更好地适应时代的变化和发展，为社会做出更大的贡献。

2. 数字力

在日常生活中，我们常常会运用数字力。比如"双十一"，我们打算在网店上买衣服和护肤品，那么我们就会比对店铺商品的价格，以及查看顾客的好评。而综合了这些因素之后，我们才会决定要不要去购买。

听到数字力时，身在职场中的你是不是感到一头雾水？那么，什么是数字力呢？

其实，数字力是一种使用数字来进行有条理的分析决策的能力。这种能力往往在我们的职业发展中具有举足轻重的地位。如果你掌握了数字力，你就可以使工作达到事半功倍的效果，甚至在面试的过程中突出重围，顺利拿下心仪的职位。但遗憾的是，在职场中，很多职场人也不清楚数字力的概念。

某著名的期刊指出：导致 2008 年国际金融风暴的一个重要原因是投资人缺乏数字力。因此，只要你身处职场，就需要学习掌握数字力的技能。

数字力是工作的必备能力，它可以让我们的思维变得更有逻辑，看待问题更加深入。

二、数字素养对个人的影响

数字化已成为现代社会的主流趋势，数字化技术正在不断地改变着人们的生活和工作方式，良好的数字素养对个人的生活和工作都有着重要的影响。

1. 便捷性

良好的数字素养可以让人们更快地获取和处理信息，而数字化工具可以帮助人们更加便捷地处理信息。例如，使用智能手机人们可以随时随地获取和处理信息，使用网络工具人们可以更加快速地搜索和收集所需的信息。

数字素养对个人的影响

便捷性 —— 精确性 —— 创新性

2. 精确性

数字化工具可以让信息处理得更加精确。例如，使用电子表格可以更加精确地计算数学公式，使用数据统计软件可以更加准确地分析数据。

3. 创新性

良好的数字素养可以帮助个人更加有效地运用数字化技术，创造出更多新的工作方式和生活方式。例如，数字化技术可以创造出更多新的职业领域，数字艺术可以帮助人们更好地表达自己。

三、数字素养对现代职场的影响

无论在生活中还是在职场中，都少不了与数字化相关的内容。数字化不仅改变了人们的工作方式和生活方式，也对职业素养提出了更高的要求。由此可见，数字素养对现代职场产生着深远的影响。数字素养包括掌握数字化技术，而数字化技术对人们的作用或影响如下。

1. 提高工作效率

数字化技术可以节省大量时间和精力，提高工作效率。例如，使用电子邮件可以让人们更加快速地与同事进行沟通和协作，使用云存储可以让人们更加方便地共享文档，使用信息管理软件可以让人们更加快速地整理和管理工作信息。

2. 提高工作质量

数字化技术可以提高工作质量，避免出现错误。例如，使用计算机可以让人们更加精确地进行计算，使用数据库可以更加准确地管理数据，使用虚拟现实技术可以更加清晰地呈现视觉效果。

3. 拓展职业发展

数字化技术可以为职业拓展提供更多可能性。数字化技术创造了新的职业领域，如电子商务、数字媒体和人工智能等。一个人具有良好的数字素养，能够更好地适应不断变化的职业环境，把握就业机会。

01 提高工作效率

02 提高工作质量

03 拓展职业发展

案例 10-1

林向：技能报国的数字工匠

林向是湘电动力308车间的数控车工，他以精湛的技艺和不懈的创新精神，在平凡的岗位上书写着不平凡的故事，先后荣获"全国技术能手""全国机械工业技术能手""湖南省技术能手""湘潭市首批十大杰出高技能人才"等30多个荣誉称号。2023年，他又被评为湘电集团2021—2023年度劳动模范。

勇于开拓——自创操作法提效率

林向的技艺源于对机械加工的热爱和执着，在工作中，他勇于探索，不断钻研新的加工方法，攻克了一个又一个技术难题。他自创的"退刀精车法""反向背刀车削法"等4项操作方法解决了多项加工难题。

林向的故事

某型号风机传动法兰的最大直径超过1米，常规加工方法效率低、质量难以保证，成为影响整个风电流水线生产的"拦路虎"。林向主动请缨接下"传动法兰提质增效"攻关项目。他仔细分析图纸并思索问题的关键点，再结合数控车床刀盘的特性及产品的外形特征，在1米数控卧车上采用"背向装刀反转车削法"来加工此法兰，大大提高了此类零部件的加工效率，从原来一天2件到现在的一天8件，为生产赢得了宝贵时间。3年来，公司零部件车加工遇到的难题，林向总能凭借丰富的加工经验，开拓创新解决难题，为企业节约工装磨具费用、外委外协费用累计200多万元。

勤于钻研——革故鼎新创实效

20多年的一线数控车工生涯，林向练就了扎实过硬的机加工本领。他除了"实"干、"苦"干外，林向还在"巧"干上想办法、做文章，向机床设备挖潜能，要效益。

年初，车间安装的一台小型数控卧车原本只能加工轴类零件。林向经过多次试操作和细致观察，发现机床只有在尾座顶尖顶出并受力的情况下才能运转，且机床配制的主轴三爪液压卡盘只能向内收缩夹紧工件。于是他自行设计制造了一个钢套装于尾座上，解决了不能加工盘类、套类零件的问题；又通过查阅机床资料把单向三爪液压卡盘改为可调式双向三爪或四爪卡盘，满足了加工的灵活多变性。通过林向巧妙的改进，大大提高此机床的利用率，解决了大问题。

甘于奉献——扎实做好传帮带

在新形势和新任务的要求下，林向深刻意识到必须团结和带领大家一起学习，一起进步，才能更高效地完成工作。

他主动向周围同事传授技术并做好新人的培养工作，切磋技艺，从不保留。当同事遇到困难时，他尽自己能力去帮助，跟他们一起分析图纸、交流加工方法，加工过程中教他们选择合理的切削参数，使他们少走弯路，提高加工效率。

在他的指导下，他的徒弟们技能水平快速提高，其中有1人成为高级技师、2人考取了技师，并在省市数控比赛中取得了出色的成绩。

爱岗敬业、争创一流、艰苦奋斗、勇于创新的劳模精神在林向身上得到了完美体现。面对日新月异的技术变革和产品更新，林向始终保持着积极进取的态度，他每天都在迎接新的挑战，努力前行、快乐工作，为公司的高质量发展贡献自己的力量。

📖 实践阶段 数字素养：持续学习，自我提升

随着科技的飞速发展，数字化技术已经深入各行各业。在数字化发展时代，如何适应职业发展的新趋势，充分挖掘自身潜能，提升数字素养，成为人们关注的焦点。下面我们

将介绍适应数字化时代职业发展的策略。

一、学习新技能

数字化时代，掌握新技能至关重要。我们需要不断学习新技术、新方法，以适应不断变化的职场环境。具体而言，我们可以通过参加在线课程、阅读专业书籍、参加行业研讨会等方式来提高自己的技能水平。

二、培养良好的沟通与协作能力

在远程办公的背景下，良好的沟通与协作能力尤为重要。我们需要学会高效地利用在线沟通工具，及时传达信息、协调工作。同时，我们要学会与他人共同解决问题，形成高效的团队协作。

三、学习跨领域知识

拥有跨领域知识，在数字化时代的职场中将更具竞争优势。因此，应该积极学习其他相关领域的知识，如数据分析、市场营销、项目管理等，以提高自己的综合素质和竞争力。

四、塑造个人品牌

数字化时代，个人品牌价值越来越受到重视。可以通过撰写专业文章、发表学术成果、参与行业项目等方式，提升自己的知名度和影响力；利用社交媒体、行业平台等渠道，分享自己的专业经验和心得，这也有助于塑造个人品牌形象。

五、培养创新思维

在数字化时代，创新思维是推动职业发展的关键。我们需要学会跳出传统思维框架，勇于尝试新方法、新理念，以解决工作中遇到的问题，适应不断变化的职场环境，为企业带来更多的发展机遇。

六、保持持续学习和自我提升

数字化时代的变革需要持续学习和自我提升，包括关注行业动态、参加专业培训、学习新技能等。此外，具备一定的心理素质和抗压能力是在数字化时代职场中脱颖而出的关键因素。

总之，要适应数字化时代的职业发展，需要学会掌握新技能、培养良好的沟通与协作能力、学习跨领域知识、塑造个人品牌、培养创新思维以及保持持续学习和自我提升。必须付诸实践，才能在数字化时代的职场中取得成功，实现职业生涯的飞跃。

反思阶段　数字素养：虽面对诸多困难，但要迎难而上

在培养数字素养的过程中，个人可能遇到多种问题或面临诸多挑战，这些问题和挑战可以归纳为以下几个方面。

一、知识更新与技术掌握

1.技术迭代迅速

数字技术日新月异，新的工具、平台和应用不断涌现，个人需要不断学习和掌握新技术，才能跟上数字时代的发展步伐。技术更新速度快，个人往往难以在短时间内完全掌握所有新技术，这增加了学习成本和难度。

2.专业知识不足

数字素养的培养需要具备一定的计算机科学、信息技术、数据分析等专业知识，而这些知识对于非专业人士来说可能较为陌生。缺乏专业知识可能导致个人在理解和应用数字技术时遇到困难，影响数字素养的提升。

二、信息筛选与处理能力

数字素养的核心挑战在于信息筛选与处理能力的双重缺失。

信息筛选能力不足表现为：算法依赖导致"信息茧房"，用户被动接收同质内容；虚假信息泛滥时缺乏溯源意识，易被情绪化标题误导；过度信任单一平台（如搜索首条结果），忽视交叉验证。

信息处理能力薄弱则体现为：碎片化阅读习惯削弱深度思考，仅停留在"知道"而非"理解"；数据洪水中难以提炼关键信息，陷入"收藏即学会"的误区；混淆相关性与因果性，导致决策偏差。

二者叠加形成恶性循环：筛选失误污染信息源，处理失当又加剧认知偏差。破解之道需培养"质疑 – 验证 – 结构化"的闭环能力，同时警惕技术便利对批判性思维的消解。

三、数字安全与隐私保护

1. 安全意识薄弱

数字技术的发展在给人们的生活带来诸多便利的同时也带来了数字安全和隐私保护的问题。一些人缺乏数字安全意识，对个人信息和隐私的保护不够重视，容易受到网络攻击和隐私泄露的威胁。

2. 安全防护技能不足

面对数字安全和隐私保护的问题，个人需要具备一定的安全防护技能，如密码管理、病毒防护、数据备份等。然而，一些人缺乏这些技能，无法有效应对数字安全威胁，导致个人信息泄露。

四、数字素养培养环境

1. 资源有限

数字素养的培养需要一定的资源和支持，如培训课程、学习材料、实践机会等。然而，一些人面临资源有限的问题，无法获得足够的支持和帮助，影响数字素养的提升。

2. 缺乏实践机会

数字素养的培养不仅需要理论知识的学习，还需要实践经验的积累。一些人缺乏实践机会，无法将所学理论知识应用于实际工作中，这也会影响数字素养的提升。

五、个人因素

1. 学习态度与动机

个人对数字素养的态度和动机直接影响其培养效果。

2. 时间管理

在快节奏的现代生活中，个人需要合理管理时间，才能有效培养和提升数字素养。然而，一些人面临时间管理不当的问题，无法合理分配时间和精力用于数字素养的培养。

综上所述，培养数字素养的过程中，个人可能会遇到知识更新与技术掌握、信息筛选与处理能力、数字安全与隐私保护、数字素养培养环境以及个人因素等多方面的问题和挑战。

案例 10-2

数字密码背后的职场晋升之路

在竞争激烈的职场中，每个人都想跻身管理层，享受更高的地位和待遇。然而，要想在众多同事中脱颖而出，不仅需要实力，更要掌握一些必备的技能。其中，数字密码就是关键的一环。下面是一个关于掌握数字密码、轻松跻身管理层的故事。

小林是一名年轻有为的职场新人，带着一股子闯劲来到了一家知名企业。聪明、勤奋的他很快就在公司崭露头角。但他要想晋升管理层，还差了一些火候。正好，公司近期开展了一项关于数字密码的培训课程，小林决定抓住这个机会，提升自己的职场竞争力。

数字密码，简单来说，就是通过数据分析、提炼关键信息，为决策提供依据。在职场中，掌握数字密码的人往往能更快地找到问题的核心，提出解决问题的有效方案。小林深知，要想在职场晋升，自己必须学会这个实用的技能。

培训课上，小林认真听讲、仔细做笔记，努力消化每一个知识点。他开始将数字密码的思维方式运用到工作中，从大量的数据中挖掘有价值的信息。渐渐地，他在同事们眼中成了一个"数据分析高手"，领导也对他刮目相看。

一天，公司面临一个重大决策，关系到公司未来发展方向。领导层在讨论了数次后，仍无法达成一致。看着会议室里焦头烂额的领导，小林想："或许我可以试试运用数字密码来解决这个难题。"

于是，他利用业余时间，对公司的各项数据进行仔细的研究。经过一周的努力，小林整理出一份详尽的数据报告，从多个角度分析了公司当前的状况和发展前景。在分析报告中，他提出了一个极有说服力的方案，为公司指明了方向。

当小林将报告递交到领导手中时，领导不由欣喜万分。他在会上高度评价了小林的工作，并称这份报告为"公司发展的指南针"。在领导的赞誉声中，小林感受到了前所未有的成就感。他也因此被提拔为部门经理，跻身管理层。

数字密码带给小林的不仅是职场的晋升，还有看待问题的全新视角。他开始关注公司整体运营，学会从大局出发，思考问题。

在接下来的工作中，小林继续深入研究数字密码，不断提高自己的数据分析能力。他带领团队完成了多个重要项目，为公司创造了丰厚的利润。他也因为在数字密码方面的突出表现，受到了领导更多的关注。

岁月如梭，小林已在这家公司工作了多年。如今，他已成为公司的副总经理，负责公司整体运营。回首过去，他感慨万分。正是因为掌握了数字密码，他从一名普通的职员成长为公司的一名高管。他也深知，在职场中，数字密码并非终点，而是一个崭新的起点。只有不断学习、进取，才能在这个竞争激烈的职场中站稳脚跟，取得更大的成功。

【解析】在这个充满挑战和机遇的职场，数字密码成了小林手中的一把"利剑"，帮他打开了通往成功的大门。他也凭借着这把"利剑"，一步步攀上职场巅峰，成为一名令人敬仰的管理者。

数字密码，仿佛一座神秘的桥梁，连接着小林与成功。他的故事，也在整个公司传扬，激励着无数年轻人去探寻那神秘的数字世界，解锁职场晋升的密码。在这个变革的时代，数字密码成为职场人不可或缺的武器，引领他们迈向更广阔的天地，创造更加辉煌的未来。

趣味测验

数字素养趣味测验

以下是一个关于数字素养的趣味测验，旨在以轻松的方式评估你对数字技能、信息处理和数字安全等的了解程度。请根据你的实际情况选择最符合你的选项。

1. 你通常如何获取最新的科技新闻和趋势？（　　　）

A. 每天浏览社交媒体上的科技账号

B. 订阅科技博客和新闻网站

C. 偶尔在搜索引擎上搜索相关信息

D. 很少关注科技新闻

2. 当你在网上购物时，你会怎么做来保护你的个人信息？（　　　）

A. 总是使用强密码，并定期更换

B. 从不保存银行卡信息在网站上

C. 仔细检查网站的安全性（如 HTTPS）

D. 以上都是

3. 你知道如何创建一个安全的密码吗？（　　　）

A. 知道，我会使用大小写字母、数字和特殊字符的组合作为密码

B. 不知道，我通常使用简单的密码

C. 我会使用生日或名字作为密码的一部分

D. 我从不担心密码安全

4. 当你收到一封来自未知发件人的电子邮件，电子邮件声称你中奖了并要求你提供个人信息以领取奖金时，你会怎么做？（　　　）

A. 直接删除邮件，认为这是诈骗

B. 回复邮件询问更多详情

C. 点击邮件中的链接并提供个人信息

D. 打电话给发件人提供的电话号码进行确认

5. 你是否了解并使用过云存储服务来备份你的重要文件？（　　　）

A. 是的，我经常使用云存储来备份文件

B. 我听说过云存储，但从未使用过

C. 我不知道什么是云存储

D. 我认为云存储不安全，所以不使用

6. 在社交媒体上，你会分享哪些类型的信息？（　　　）（多选）

A. 个人照片和视频

B. 工作或学习相关的内容

C. 政治观点或宗教信仰

D. 我很少在社交媒体上分享个人信息

7. 你是否知道如何识别网络钓鱼邮件？（　　　）

A. 是的，我了解一些识别网络钓鱼邮件的技巧

B. 不知道，我从未听说过网络钓鱼邮件

C. 我认为所有来自陌生人的邮件都是网络钓鱼邮件

D. 我通常会打开所有邮件并查看内容

8. 当你使用公共 Wi-Fi 时，你会怎么做来保护你的设备和个人信息？（　　）

A. 避免在公共 Wi-Fi 上进行敏感操作（如网银交易）

B. 使用 VPN 或加密连接来保护数据传输

C. 我会检查 Wi-Fi 网络的名称和密码，确保它们是安全的

D. 以上都是

9. 你是否曾经因为数字技能不足而错过某个机会或遇到麻烦？（　　）

A. 是的，我错过了一些在线课程或工作机会

B. 没有，我认为我的数字技能足够应对日常问题

C. 我曾经因为不懂如何使用某个软件或工具而感到困惑

D. 我从未因为数字技能不足而遇到问题

10. 你认为提高数字素养对个人和社会的重要性如何？（　　）

A. 非常重要，数字素养是现代生活不可或缺的一部分

B. 有一定的重要性，但不如其他技能重要

C. 我不太关心数字素养的问题

D. 我认为数字素养对个人和社会没有太大的影响

评分标准：

每个问题选择最符合你实际情况的选项。

根据选项的难易程度，给予不同的分数。例如，正确或积极的选项得高分，错误或消极的选项得低分。

将所有问题的分数相加，得到你的总分数。

根据总分数，评估你的数字素养水平。例如，高分数表示你的数字素养较高，低分数表示你的数字素养有待提升。

这个测验可以帮助你了解自己的数字技能和知识，从而找到提升数字素养的方向。

📖 **提升阶段** **数字素养：采取有效策略，培养数字素养**

面对培养数字素养过程中遇到的困难和挑战，可以采取以下策略来应对。

策略一、针对知识更新与技术掌握

1. 持续学习

制订学习计划，不断学习新技术和新工具，保持对新知识的敏感性；利用在线课程、研讨会、论坛等资源，获取最新的技术信息和学习材料。

2. 实践应用

将所学知识应用于实际项目，通过实践加深理解；通过参与开源项目或技术社区讨论提

升技术水平。

3. 建立学习网络

与同行、专家建立联系，通过交流和合作获取技术支持和建议；参加技术会议和研讨会，拓展人脉和资源。

策略二、针对信息筛选与处理能力

1. 培养批判性思维

学会质疑信息来源和真实性，对信息进行独立思考和评估；通过阅读相关领域的权威刊物，了解专家观点，提升信息辨识能力。

2. 使用信息筛选工具

利用搜索引擎、社交媒体等工具的过滤功能，减少信息过载；关注可信的信息源，避免被不实信息误导。

3. 定期回顾与总结

定期回顾所学知识和信息，进行整理和归纳；总结经验教训，优化信息处理策略。

策略三、针对数字安全与隐私保护

1. 增强安全意识

了解常见的网络攻击手段和防御措施；定期更新密码，使用强密码策略。

2. 学习安全防护技能

掌握基本的病毒防护、数据备份和恢复技能；使用可靠的安全软件和服务，保护个人信息和隐私。

3. 关注隐私政策

在使用在线服务和应用时，仔细阅读隐私政策，了解个人信息如何被使用和共享；限制个人信息的公开范围，避免泄露敏感信息。

策略四、针对数字素养培养环境

1. 寻求资源和支持

利用图书馆、在线课程、技术社区等资源，获取学习材料；参加培训课程和研讨会，提升数字素养水平。

2. 建立实践平台

尝试创建或参与个人项目、竞赛或实习机会，将所学知识应用于实践；与企业合作，参与实际项目，积累实践经验。

策略五、针对个人因素

1. 调整学习态度和动机

明确学习目标，设定可实现的短期和长期目标；保持积极的学习态度，克服畏难情绪。

2. 管理时间和精力

制订合理的学习计划，合理分配时间和精力；利用时间管理工具，提高学习效率。

3. 保持好奇心和求知欲

对新技术和工具保持好奇心，勇于尝试和探索；积极参与技术讨论和交流，拓宽视野和思路。

案例 10-3

小李是一名普通的上班族，平时喜欢在网上购物、浏览社交媒体和进行在线学习。随着数字生活的日益丰富，他逐渐意识到网络安全问题的重要性。为了保障个人信息和财产安全，小李决定采取行动，提升自己的数字安全意识。

小李首先通过网络安全论坛学习了网络安全的基本概念、常见的网络威胁（如钓鱼邮件、恶意软件、网络诈骗等）以及相应的防范措施。他还关注了网络安全领域的专家，定期阅读他们的博客和文章，了解最新的网络安全动态和防护技巧。

小李意识到密码是保护个人信息的第一道防线，因此他开始使用密码管理工具来生成和存储复杂的密码。他为不同的在线账户设置了不同的密码，并定期更换密码，确保账户的安全性。

在网上购物或填写在线表单时，小李非常谨慎地处理自己的个人信息。他学会了检查网站的 URL 是否以"https://"开头，以及查看网站是否有有效的 SSL 证书，以确保数据传输的安全性。

小李学会了识别网络诈骗的常见手法，如冒充官方机构、虚假中奖信息、诱骗点击恶意链接等。当收到可疑的邮件或信息时，他会先通过官方渠道进行核实，而不是立即点击链接或提供个人信息。

小李了解到软件和操作系统的更新通常包含重要的安全补丁，因此他养成了定期更新软件和操作系统的习惯。他还在计算机上安装了可靠的安全软件，如防病毒软件和防火墙，以提高操作系统安全性。

小李加入了几个网络安全社区，与其他成员分享经验和技巧，学习如何更好地保护自己的数字生活。通过参与社区的讨论和活动，他不断拓宽自己的视野，了解更多的网络安全知识和实践方法。

经过一段时间的努力，小李的数字安全意识得到了显著提升。他不仅能够更好地保护自己的个人信息和财产安全，还能在遇到网络安全问题时迅速做出正确的应对。此外，他还将所学的网络安全知识分享给了家人和朋友，帮助他们也提升了数字安全意识。

【解析】这个案例展示了个人如何通过学习和实践来增强数字安全意识，从而在数字时代中更好地保护自己。

拓展阶段 数字素养：提高数字素养水平，展望美好前景

培养数字素养在当前数字化时代背景下显得尤为重要，要培养良好的数字素养，适应未来职场的变化，需要了解未来职场的数字化转型趋势与就业前景。

随着技术的快速发展和全球经济的转型，未来职场将迎来一场数字化转型的浪潮。这

种转型将对各行各业产生深远的影响，为就业前景带来新的机遇和挑战。下面我们将探讨未来职场数字化转型的趋势，并展望相关职业的发展前景。

一、数据科学与人工智能的崛起

数据科学和人工智能在未来职场的转型中将扮演重要角色。随着大数据时代的到来，企业越来越依赖数据来做出决策。因此，数据科学家的需求与日俱增。他们负责处理和分析大量的数据，为企业提供有关市场趋势、消费者行为和未来预测的关键信息。此外，人工智能的广泛应用也将催生新的职业，如机器学习工程师和自然语言处理专家等。

二、云计算与边缘计算的兴起

云计算和边缘计算的兴起将改变未来职场的面貌。云计算技术可以为企业提供更灵活、高效的数据存储和处理能力。作为云计算的延伸，边缘计算则将数据处理移至离用户更近的地方，如智能手机、智能家居等。这种转变将带动云计算和边缘计算相关的职位需求增加，包括云架构师、容器技术专家等。

三、物联网的普及与智能化

物联网是连接所有设备和物体的网络，未来将大幅改变职场环境。随着物联网的普及，各行各业的设备和工具都将实现智能化。例如，工厂的生产线将由物联网连接，运维人员可以通过智能设备远程监控整个生产过程。同时，智能家居的快速发展也将催生相关职业，如智能家居设计师、安装工程师等。

四、网络安全的挑战与需求

随着数字化转型的加速，网络安全问题将日益严峻。各类网络攻击和数据泄露事件频频发生，这将促使企业加大网络安全投入。网络安全专家将成为炙手可热的职业，他们负责保护企业的信息系统和网络免受攻击。网络安全专业技能的需求将随着技术的进步而不断演进。

五、职场的灵活性和远程工作的兴起

数字化转型将为职场带来更多灵活性和远程工作的机会。随着高速互联网的普及，越来越多的职位可以通过远程操作完成。这将为求职者提供更多选择，解决通勤问题。同时，也将为企业带来更多的人才选择和地域优势。

总结起来，未来职场的数字化转型趋势将带来新的就业前景。数据科学和人工智能、云计算和边缘计算、物联网智能化、网络安全以及职场的灵活性和远程工作将成为未来职业发展的主要方向。这些领域将为即将毕业的学生和正处于职场中的职业人提供新的

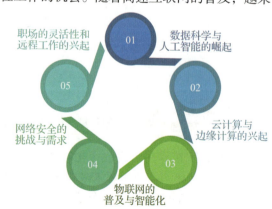

机遇，同时要求他们不断提升自己的专业技能和学习能力来适应这种转型。在数字化浪潮中，保持学习和开放的心态将是成功的关键。

案例 10-4

李建华：深深挚爱数字世界

李建华的故事

李建华，中国电信湖北智能云网调度运营中心工程师，满满一抽屉的"红本本"记录着他的成长历程：拥有多项国家级技术专利，2003 年荣获信息产业部劳动模范，2009 年荣获全国五一劳动奖章。

李建华的家乡是鄂西北群山环抱的一个小山村，他回忆：小时候去一趟房县县城要几天时间，上小学要翻山走 4 个小时。在这样偏僻穷困的环境里，李建华从小却对数字产生了浓厚的兴趣，高中时，他硬是靠自己琢磨钻研学会了计算机编程，工作不久，他用微薄的薪水自己"攒"下当地第一台个人电脑。

"数字的世界，在外人看起来是枯燥乏味的，但是我看到数字，却非常亲切，那种感觉是油然而生的，奇妙无比！"少言寡语、习惯沉默的李建华谈起数字的话题，眼睛就格外明亮，表情就格外兴奋！"从事自己喜欢的事情是幸福的，从我开始编程的那一刻起，我就知道，我会和数字相伴终生、永远分割不开！"

1991 年，李建华从湖北工学院（今为湖北工业大学）机械工程系毕业，先后在湖北省华阳集团、中国电信十堰分公司、中国电信湖北公司从事 IT 维护支撑工作，安坐一隅，默默坚守，没有明亮光彩，没有豪言壮语，IT 支撑这样艰苦而平凡的工作，在李建华看来却充满了无穷奥秘，让他专注如一、如痴如醉。

三十多年以来，李建华带领他的团队独立开发 10 多个应用软件。

2009 年开发的互联星空应用系统成功替代商用软件，大幅提升了业务处理的效率。

（1）翼随行及智能回访系统。该系统共为湖北 17 个县市发送跨边界抗疫短信上亿条，对政府疫情防控精准确定重点人群起到了关键作用。

（2）云安全自主服务平台。该平台为政府、金融、企业等用户提供以分布式云部署组成的一个庞大的流量预警、DDOS 防御、资产安全风险分析的安全服务。

（3）天翼高清端到端质量检测系统。该系统大幅提高了天翼高清业务收视质量，视频感知优良率提高到 98% 以上。

（4）二次预处理系统。该系统覆盖固话、宽带、ITV、无线、智家产品等全专业的服务支撑手段，有效提升了智慧家庭服务支撑人员的工作效率。

回顾这些成绩，李建华的感受真实而质朴："做自己喜欢的事情就是幸福，把自己负责的事情做细、做好、做到最优就是成绩，事后回味，这是一种美好的感觉！"

创新工作室的成立让李建华走到人生的一个新起点。面对鲜花和掌声，他坦露心语："一个人的力量终究是有限的，要带动年轻人一起干，为他们搭建一个锐意创新、攻坚克难的阵地，通过'传帮带'，培养一批懂得技术创新的人才，让企业的发展有后劲、不停歇！"

这就是李建华，深深挚爱着数字世界，孜孜以求的背后，是中国电信人的使命和担当。

【解析】在未来职场的数字化转型趋势与就业前景下，唯有拥有良好的数字素养才能适应环境的发展。我们应向李建华学习，不断培养、提升自己的数字素养。

素养加油站

数字素养的内涵

数字素养是指个体在数字化环境下，具备获取、处理、评估和应用信息的能力，以及运用数字技术解决问题的能力。数字素养不仅包括对数字技术的熟练掌握，还包括对数字信息的理解和分析能力，以及对数字信息的利用和创新能力。数字素养是现代人必备的一项基本能力，对于提高个人竞争力、促进社会发展具有重要的意义。

数字素养的内涵包括如下：

（1）数字技术应用能力。这是数字素养的基础，包括使用计算机、网络、移动终端等数字技术的能力，具体包括操作系统、办公软件、多媒体处理、网络应用、信息安全等方面的技能。

（2）数字信息获取和评估能力。这是数字素养的重要组成部分，包括对数字信息的理解和分析能力，以及对数字信息真实性、可靠性、有效性的评估能力。在信息爆炸的时代，数字信息获取和评估能力至关重要。

（3）数字信息利用和创新能力。这是数字素养的核心部分，包括对数字信息的加工、整合、创新和应用能力。数字信息的利用和创新能力是数字素养的高级阶段，也是数字化时代个人和社会发展的重要支撑。

总之，数字素养是现代人必备的一项基本能力，掌握数字素养对于个人和社会的发展都具有重要的意义。在数字化时代，我们应该积极主动地学习数字技术，提高数字信息处理能力，提高自己的数字素养水平，为自己和社会的发展做出贡献。

实训小课堂

【实训目标】

知识目标：

1. 了解数字素养的概念、内容、方法、意义和维度。
2. 理解数字力的内涵。
3. 了解数字化转型。

能力目标：

1. 能够在职场中合理运用适应数字化时代职业发展的策略。
2. 能够应对数字化转型的困难与挑战。
3. 能够掌握提高数字素养的方法。

素质目标：

1. 提升数字素养。
2. 培养数字化意识。

【实训案例】

王春：以匠心引领绿色发展、数智变革

在巨化（浙江巨化集团）这片充满工业气息的热土上，有一位劳模的身影格外引人注目，他就是公用事业部水处理班班长王春。他不仅是事业部"绿色化发展"的推动者，更是"数智化变革"的践行者，用坚定的信念和不懈的努力，为巨化远航贡献着一份力量。

王春，一位普通的一线劳动者，他以非凡的毅力和决心，在公用事业部化水改造工程中展现出超凡的才能。他深知绿色发展的重要性，工作中始终将节能减排、提质增效作为重中之重。面对技术难题，他从不退缩，与技术团队并肩作战，夜以继日地钻研实践。在团队的努力下，先进的水处理技术成功投用，化水改造工程顺利完成，为事业部绿色化发展奠定了坚实基础。

在化水高负荷运行期间，王春更是凭借敏锐的洞察力和出色的执行力，成功保障了除盐水的正常供应。他带领班组不断优化操作流程，降低能耗指标，减少废水排放，用实际行动诠释了新发展理念。他的绿色匠心不仅体现在技术创新上，更体现在他对环保事业的执着追求上。他的这种精神，为广大员工树立了良好的榜样，也激励着更多的人投身到绿色化发展实践中去。

在数智化变革的浪潮中，王春积极拥抱，成为改革的推动者。他深知数字化转型是事业部未来的发展趋势，因此他始终将技术创新作为工作的重要方向，积极参与到数字化改造项目中。通过指标优化、技术革新等，和团队完成了一系列数字化改造工程。他凭借精湛的技术和丰富的经验，在化水技术改造项目中大放异彩。他精确计算原水流量浊度，精准控制加药量，系统节水效果和降本增效成效明显。这一成果为事业部高质量发展做出了积极贡献。

为了进一步提升生产效率，王春对化水加药系统开展持续改善技术攻关。他将传统的粉剂净水剂改为高浓度液态净水剂，并实现了自动配药和输送。这一创新举措不仅提高了生产效率，还降低了人工成本。他的"化水预处理自动配药加药"方案在集团内部获得了高度认可，为事业部数字化转型树立了典范。

作为班组领头人，王春高度重视班组文化的建设。他积极构筑班组文化循环网，从制度约束和文化熏陶入手，培养班组成员良好的行为准则和团队精神，引导大家积极参与事业部的各项活动和工作，不断提升班组成员的责任感和使命感。在他的带领下，班组营造了浓厚的积极向上、团结协作的工作氛围，连续多年荣获集团"优秀班组""工人先锋号""模范职工小家"和浙江省"巾帼文明岗"等光荣称号。这些荣誉的背后是王春无私奉献和辛勤付出的结果，更是班组全体成员共同努力的成果。

王春的故事不仅仅是一个人的奋斗史，更是无数劳动者投身绿色化发展、数智化变革的缩影。让我们期待王春和他的团队在未来能够创造更加辉煌的业绩！

讨论与思考：

1.请思考案例中的王春具备了怎样的职业素养？

2.请结合自身情况，说一说你对职场中数字素养的理解。

【实训方法】

1. 结合案例资料，完成讨论与思考。

2. 结合案例资料，围绕自己感触最为深刻的一点，阐述你的观点和建议。

【任务评价】

结合实训目标，认真完成实训任务，然后结合个人自身情况，谈谈自己在各阶段关于职场数字的表现；最后结合自评或他评进行评分。

评分标准：1 分 = 很不满意，2 分 = 不满意，3 分 = 一般，4 分 = 满意，5 分 = 很满意。

阶段	任务	个人表现	评分
学习阶段	随着数字技术的进步和数字化社会的发展，数字素养的内涵在不断丰富和完善。我们为了有效参与数字化社会的发展，必须提升数字素养，具备数字资源的使用能力和研发能力		
实践阶段	数字化技术已经深入各行各业，改变着人们的生活和工作方式。因此，在数字化时代，如何适应职业发展的新趋势，充分挖掘自身潜能，成为人们关注的焦点		
反思阶段	数字技术的快速普及和深入应用，对人们的生活、工作方式和职场要求产生了深刻的影响，在培养数字素养的过程中会遇到一些问题和挑战		
提升阶段	数字技术的普及使得数字素养成为现代人生活中必备的能力之一。提高数字素养可以让我们更好地适应现代化的生活方式，把握自己的职业和事业发展		
拓展阶段	随着技术的快速发展和全球经济的转型，未来职场将迎来一场数字化转型的浪潮		

【实训要求与总结】

1. 完成实训任务与评估。

2. 通过实训小课堂，在理论知识和职业技能方面都获得提升，从而具备职业人的良好职业素养，为实现职场成功做好准备。

思 考 题

1. 什么是数字素养？

2. 简述数字素养所涵盖的内容。

3. 提高数字素养的方法有哪些？

4. 数字素养的主要维度有哪些？

5. 数字素养对现代职场的影响有哪些？